改訂版

2C and 4C

CMYK4色印刷・特色2色印刷・名刺・ハガキ・同人誌・グッズ類
入稿データのつくりかた｜井上のきあ

TWO COLOR AND FOUR COLOR
PRINTING GUIDE BOOK

NOKIA INOUE

エムディエヌコーポレーション

INTRODUCTION

　本書は、印刷所への入稿過程における多様な制作環境を可能な限り類型化し、より安全な入稿データを制作するための基礎知識をまとめた入門書です。印刷およびInDesign、Illustrator、Photoshopなど各種ソフトウエアの基本的な知識は備えていることを前提として解説しています。

　本書の内容にかかわらず、入稿作業を行う際には印刷所との打ち合わせや相談が重要です。印刷所の入稿マニュアルをよく確認し、実際の入稿作業はご自身の責任においておこなってください。また、印刷所の提供する入稿マニュアルと本書の内容に相違がある場合は、必ず印刷所の提供する情報を優先してください。

➡ Adobe、InDesign、Illustrator、PhotoshopはAdobe Incorporated（アドビ社）の米国ならびに他の国における商標または登録商標です。その他、本書に掲載した会社名、プログラム名、システム名などは一般に各社の商標または登録商標です。本文中では™、®は明記していません。

➡ 本書は2024年8月現在の情報を元に執筆しています。これ以降の仕様等の変更によっては、記載された内容と実際の動作が異なる場合があります。あらかじめご了承ください。

➡ 本書のスクリーンショットはMac OSで撮影しています。また、解説中のメニュー名やショートカットは、［option（Alt）］のように、Mac OSとWindowsの操作を併記しています。括弧内がWindowsの操作です。

➡ 墨ベタとリッチブラック、オーバープリントなど、印刷された状態で違いを確認しやすい図版には、「印刷実験」のマークを掲載しています。

CONTENTS

本書について　　8
GRAPHICAL EXPLANATION
印刷物の種類①　ペラもの 9
GRAPHICAL EXPLANATION
印刷物の種類②　ページもの（冊子類） 10
GRAPHICAL EXPLANATION
印刷物の種類③　グッズ類 12

CHAPTER1
入稿データをつくるための基礎知識

1-1 作業用ソフトウエアの特長とそのバージョンの確認　　14
オールマイティなIllustrator 14
ページものに強いInDesign 14
印刷通販では比較的メジャーなPhotoshop入稿 15
バージョンについての注意点 15
その他のペイントソフトで入稿データをつくる 15

1-2 入稿データとカラープロファイル　　16
カラープロファイルについて 16
Adobe RGBとsRGB 16
［カラーマネジメントポリシー］について 18
［CMYKカラー］変換時の影響 19

1-3 ［カラーモード］を選択する　　20
［カラーモード］とインキの関係 20
ファイルの［カラーモード］を変更する 21

1-4 ［解像度］を設定する　　22
入稿データに適した［解像度］ 22
Photoshopで新規ファイルの［解像度］を設定する 23
IllustratorやInDesignでの［解像度］の影響 23
書き出し時や保存時に設定する［解像度］ 25

1-5 版を理解する　　26
印刷のしくみと版の役割 26
ソフトウエアで版の状態を確認する 28
刷り順の影響 29
頭に入れておきたいオーバープリント 29

1-6 トンボについて　　30
トンボの役割 30
日本式トンボと西洋式トンボ 31
いろいろなトンボ 32
裁ち落としの効果 33
条件によって変わる裁ち落としの幅 33

1-7 Illustratorでトンボを作成する　　34
Illustratorのメニューでトンボを作成する 34
トンボ作成の際の注意点 35
［効果］メニューで作成したトンボについて 36
バージョンによって変わる作成方法 36
アートボードの［サイズ］について 37
裁ち落としのはみ出しを処理する 38
トリミング確認用のフレームをつくる 38
描画ツールで折トンボを描く 39

1-8 PDF書き出し時に追加するトンボ　　40
PDF書き出し時にトンボを追加する 40
トンボの仕様について 41

INTRODUCTION

1-9
トンボを使用しない入稿　43
トンボのない入稿データ..................................43
トンボにとってかわるIllustratorのアートボード 44

1-10
文字切れを予防するガイド　45
安全圏を意識する...45
ガイドの活用...45

CHAPTER2
入稿データを構成する部品

2-1
印刷用途で使用できるフォント　48
入稿方法で変わるフォントの使用可／不可 48
アウトライン化のメリット・デメリット.....................48
フォント形式を調べる.....................................49
フォント形式の分類.......................................50
フォント形式の歴史.......................................51
フォントベンダーやサービスによる分類.....................53

2-2
組版コンポーザーの設定　54
組版コンポーザーについて 54
［日本語単数行コンポーザー］に設定する.....................55

2-3
テキストのアウトライン化　56
テキストをアウトライン化する 56
アウトライン化済みを確認する 57
テキスト残りに気づきにくいもの 57

2-4
配置画像の取り扱いについて　58
配置画像について 58
IllustratorやInDesignに配置できるファイル形式...........60
配置画像として安定のPhotoshop形式 61
ひとつの選択肢としてのPhotoshop EPS形式...............62
配置画像に着色できるTIFF形式...........................63
カラープロファイルの埋め込みについて....................63

2-5
画像を切り抜く　64
レイヤーの不要なピクセルを透明にする.....................64
クリッピングパスで切り抜く 65
アルファチャンネルで切り抜く 66
レイアウトソフトでクリッピングマスクを使う 67

2-6
画像やファイルを配置する　68
レイアウトファイルに画像やファイルを配置する方法........68
Illustratorファイルに画像を配置する......................68
InDesignファイルに画像を配置する........................70
Illustratorファイルにファイルを配置する..................72
Illustratorでリンクファイルを埋め込む....................73
InDesignファイルにファイルを配置する....................74

2-7
リンク画像と埋め込み画像　76
リンク画像と埋め込み画像の違い 76
リンク画像を埋め込む 77
Photoshopのリンク画像..................................77
配置画像の情報を見る 78
リンク画像の階層とファイル名 78

2-8
透明の分割・統合　80
- 透明オブジェクトに注意する理由 80
- 透明の分割・統合の実際 81
- 透明の分割・統合に起因する問題 82
- 白スジが発生する原因 83
- 透明オブジェクトに該当するもの 84
- 影響を受ける範囲を確認する 85
- 事前に分割・統合する 87

2-9
オーバープリントとノックアウト　88
- オーバープリントについて 88
- ［乗算］とオーバープリントの違い 89
- 意図しないうちに設定されるオーバープリント 90

2-10
墨ノセのメリット・デメリット　92
- 墨ノセのメリット 92
- 背面の透けに注意する 94
- RIP処理時の自動墨ノセについて 94

2-11
リッチブラックとインキ総量　96
- リッチブラックについて 96
- インキ総量に注意する 97
- インキ総量を調べる 98
- リッチブラックと自動墨ノセ 100
- ［カラーモード］の変換による黒の変化 100

CHAPTER3
特色印刷のための入稿データ

3-1
特色印刷について　102
- 特色印刷の使いどころ 102
- 特色印刷の入稿データと全体的な注意点 103

3-2
入稿データのつくりかた①
基本インキCMYKに振り分ける　104
- 基本インキCMYKをそれぞれ版に見立てる 104
- 画像の色を基本インキCMYKに分解する 105
- 出力見本をつくる 107

3-3
入稿データのつくりかた②
黒1色で作成する　110
- 黒1色でつくるメリット 110
- 入稿データを黒1色でつくる 110
- Photoshopでカラー画像を黒1色に変換する 111
- Illustratorでオブジェクトを黒1色に変換する 113
- 2色以上の入稿データを黒1色でつくる場合 115

3-4
入稿データのつくりかた③
特色情報をファイルに含める　116
- 特色スウォッチとその読み込みかた 116
- 特色スウォッチの管理 118
- Photoshopファイルに特色情報を含める 118
- TIFF画像に着色する 121
- 特色情報を入稿データに含める場合の注意点 121

3-5
特色インキどうし、あるいは
基本インキCMYKとの混色　122
- 混色のメリットと注意点 122
- InDesignの混合インキスウォッチを使う 122
- Illustratorのグラフィックスタイルで管理する 123
- Photoshopで特色インキを掛け合わせる 125

3-6
トラップを作成する　126
- トラップについて 126
- Illustratorでトラップをつくる 127
- Photoshopでトラップをつくる 129

INTRODUCTION

3-7
Photoshopのチャンネルを操作する　130

Photoshopのチャンネルについて 130
チャンネルに描画する 131
チャンネルの画像を他のチャンネルに移す 133
調整レイヤーでシアン抜きする 135

3-8
色の見た目の変更について　136

［カラー値］と［不透明度］の違い 136
［カラー値：100％］とそれ以外 138
［描画モード］の使用について 138

CHAPTER4
入稿データの保存と書き出し

4-1
さまざまな入稿方法　140

入稿方法の選択肢とPDF入稿のメリット 140
印刷所のタイプによる傾向の違い 140
入稿の際に必要なもの 141
入稿方法の一覧 142

4-2
ジョブオプションを利用したPDF書き出し　144

印刷所のジョブオプションを読み込む 144
ジョブオプションを使用してPDFファイルを書き出す 145

4-3
ダイアログを手動で設定してPDFファイルを書き出す　148

［AdobePDFを書き出し］ダイアログについて 148
［別名で保存］と［コピーを保存］の違いについて 148
PDFの規格とバージョンについて 149
［一般］で書き出すページを設定する 150
［圧縮］で圧縮の方針を設定する 152
［トンボと裁ち落とし］でトンボを追加する 154
［色分解］でカラースペースを設定する 155
［詳細］でフォントと透明関連を設定する 157
［セキュリティ］は一切設定しないこと 158
設定をプリセットとして保存し、
PDFファイルを書き出す 159

4-4
Acrobat ProでPDFファイルをチェックする　160

PDFファイルをAcrobat Proでチェックする 160
PDFファイルの仕様を調べる 161
［印刷工程を使用］を使う 161
［出力プレビュー］でインキをチェックする 162
［プリフライト］で解析する 164
印刷所のプリフライトプロファイルで解析する 165

4-5
InDesign形式で入稿する　166

InDesign入稿の準備 166
ライブプリフライト機能の活用 166
パッケージ機能で収集する 168

4-6
Illustrator形式で入稿する　170

汎用的なIllustrator入稿 170
Illustrator入稿のチェックポイント 170
入稿データを作成する 172
Illustratorのパッケージ機能について 174

4-7
Photoshop形式で入稿する　175
画像を入稿データにできるPhotoshop入稿..............175
Photoshop入稿のチェックポイント 175
入稿データをPhotoshop形式で保存する 176
Illustrator入稿からPhotoshop入稿に切り替える 177

4-8
RGB入稿について　178
RGB入稿の特長と注意点 178
カラープロファイルを埋め込んで保存する 179
カラープロファイルを確認する 179

4-9
EPS形式で入稿する　180
Illustrator EPS入稿に転用する 180
Photoshop EPS入稿に転用する 182
Illustrator EPSとPhotoshop EPSの違い 183

4-10
CLIP STUDIO PAINTで入稿データを作成する　184
CLIP STUDIO PAINTで作成できる入稿データ 184
カラーイラストは可能ならRGB入稿がおすすめ 185
［モノクロ2階調］できれいに書き出すコツ 187
CMYK書き出しを2色分版に使う 188

CHAPTER5
いろいろな入稿データ

5-1
書籍のカバーをつくる　190
長方形を組み合わせて仕上がりラインをつくる 190
確定した背幅に合わせてオブジェクトを移動する 191
トンボや折トンボを作成する 192
バーコードを入れる場合 193
効率よく帯をつくる 193

5-2
型抜きシールをつくる　194
カットラインを作成できるソフトウエア 194
Illustratorで型抜きシールの入稿データを作成する 194
カットパスを作成するためのヒント 196
Photoshopでカットパスをつくる 197

5-3
マスキングテープをつくる　198
裁ち落としの有無で変わるデザインの難易度 198
裁ち落としを設定できる場合 199
裁ち落としを設定できない場合 201

5-4
活版印刷を利用する　202
活版印刷のしくみ 202
活版印刷の入稿データの注意点 202
写真を使うときは 203

5-5
箔押しの入稿データをつくる　204
箔押しとその入稿データについて 204
出力見本をつくる 205
きれいに仕上げるための工夫 205

5-6
サイズを縮小した再録本をつくる　206
漫画原稿を縮小する際の注意点 206
再録サイズに合わせた再書き出し 206
属性の異なる画像が混在するPDFファイル 207

INTRODUCTION

本書について

　DTPと印刷通販の普及により、個人でも気軽に本やグッズを制作できるようになりました。DTPは「DeskTop Publishing」の略で、コンピューターで印刷用のデータ（入稿データ）を作成して、実際に印刷物を作成することを指します。印刷通販は、インターネット経由で注文・入稿して印刷物を制作できるサービスです。アイテムごとの料金や納期がWebサイトに明確に提示されるため、ユーザーが比較・検討しやすい、データが完成したその場で入稿できる、などの手軽さがあります。

　ただ、入稿データの作成には、プロのデザイナーと同等の知識を要求される局面もしばしばあります。入稿データの作成方法をまとめた「入稿マニュアル」をWebサイトに掲載したり、小冊子などにまとめて配布している印刷所も多いですが、それらを読んで理解するにも、最低限の知識が必要です。たとえば、「トンボ」と呼ばれるマークで断裁ラインを指定すること、［解像度］が画像の品質に影響すること、フルカラー印刷に使用するインキはシアン、マゼンタ、イエロー、ブラックの4色であることなどは、プロにとっては常識ですが、それが初めてきく言葉や情報なら、まずはそこを理解する必要があります。

　印刷所の入稿マニュアルのなかには、これを読めば印刷に詳しくなれそう、と思えるくらい充実しているものもあります。ただ、どれだけ丁寧に説明してあっても、あくまでその印刷所の機械に最適な設定をまとめたもので、他の印刷所でも同じ方法で入稿できるとは限りません。また、同じ印刷所でも、たとえば冊子はPDF形式で入稿できても、シールはIllustrator形式以外では入稿できない、といった具合に、印刷物の種類によって入稿方法を変えなければならないこともあります。ただしこのようにまちまちでも、入稿データの作成方法が無限にあるわけではなく、分類すると、一般的なものはある程度まで絞り込めます。

　このような状況をふまえ、印刷の基礎知識や入稿データ作成方法の収集と分類を試みたのが本書です。印刷所の入稿マニュアルを読み解ける程度の基礎知識をインプットすれば、専門用語が多く、難解に見えていた入稿マニュアルも、さっと目を通すだけで作業にとりかかれるようになれるでしょう。入稿データ作成のよくあるパターンをひととおり頭に入れておくと、印刷所や印刷物の種類が変わっても柔軟に対応できるようになりますし、転用しやすいように工夫してデータをつくることも可能です。

GRAPHICAL EXPLANATION　印刷物の種類①　ペラもの

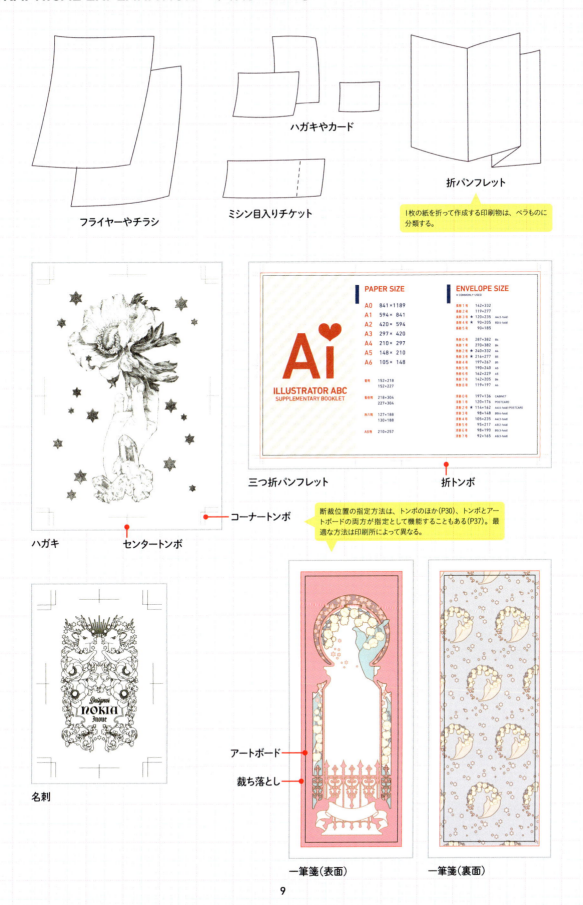

GRAPHICAL EXPLANATION　印刷物の種類②　ページもの（冊子類）

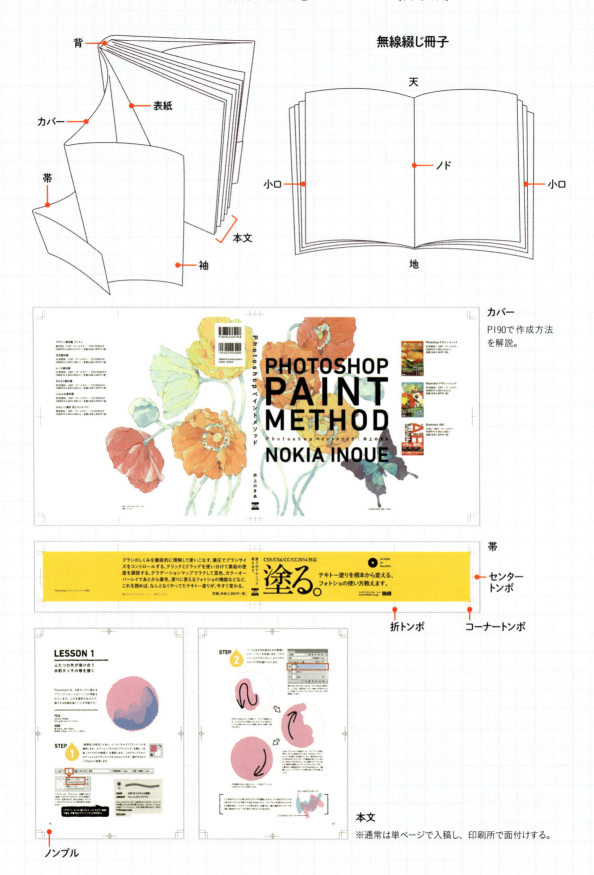

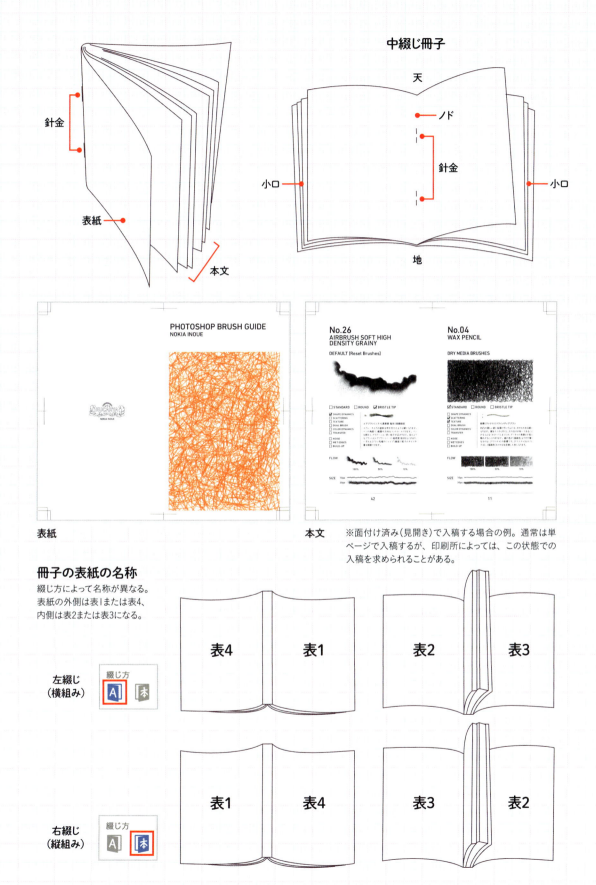

GRAPHICAL EXPLANATION　印刷物の種類③　グッズ類

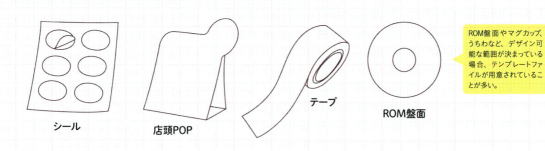

シール　　店頭POP　　テープ　　ROM盤面

ROM盤面やマグカップ、うちわなど、デザイン可能な範囲が決まっている場合、テンプレートファイルが用意されていることが多い。

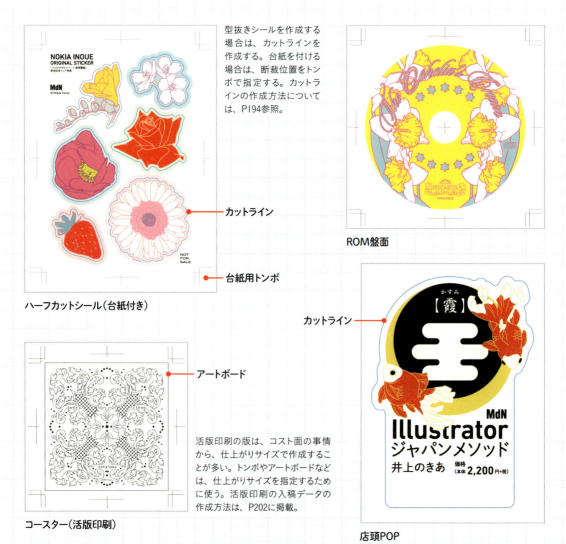

型抜きシールを作成する場合は、カットラインを作成する。台紙を付ける場合は、断裁位置をトンボで指定する。カットラインの作成方法については、P194参照。

カットライン

台紙用トンボ

ハーフカットシール（台紙付き）

アートボード

活版印刷の版は、コスト面の事情から、仕上がりサイズで作成することが多い。トンボやアートボードなどは、仕上がりサイズを指定するために使う。活版印刷の入稿データの作成方法は、P202に掲載。

コースター（活版印刷）

ROM盤面

カットライン

店頭POP

マスキングテープ（裁ち落としなし）

裁ち落としの有無で、入稿データ作成の難易度が変わる。マスキングテープの入稿データの作成方法は、P198に掲載。

CHAPTER 1

入稿データをつくるための基礎知識

1-1 作業用ソフトウエアの特長とそのバージョンの確認

IllustratorやInDesignなどの組版に特化したソフトウエアがあると便利ですが、その他のソフトウエアでも入稿データは作成できます。ただし、入稿可能な形式は印刷所によって変わるため、事前に入稿マニュアルで確認します。

オールマイティなIllustrator

Illustratorがあれば、**ペラもの**[★1]や**ページもの**[★2]から、**型抜き加工**[★3]まで、ありとあらゆる入稿データを作成できます。トンボを作成できるメニューや、版の状態を確認できる**分版プレビューパネル**、**カットパス**の作成に便利な描画機能など、入稿データを制作するために必要な機能が、ほぼすべて揃っているソフトウエアです。

Illustratorで保存できるファイル形式のうち、入稿データによく使われるものは、**Illustrator形式（.ai）**[★4]と**PDF形式（.pdf）**[★5]です。従来一般的であった**Illustrator EPS形式（.eps）**[★6]は現在のワークフローには適していませんが、この形式で入稿できる印刷所もあるため、本書では補足的に取り扱っています。

Illustratorにはトンボを作成できるメニューが用意されていますが、PDF書き出し時に**アートボードを基準としたトンボ**を追加することも可能です。

ページものに強いInDesign

ページものをつくる場合は、何といってもInDesignが便利です。**自動ノンブル**や、フォーマットデザインを一括管理できる**親ページ**など、作業効率を上げる機能が充実しています。また、新規ファイル作成画面で［見開きページ］のチェックをオフにすると、名刺やハガキなどのペラものも作成できます。データ流し込み機能（**データ結合**）もあり、これを利用すると、データベースから多人数の名刺を一括で作成できます。

InDesignで保存できるファイル形式のうち、入稿データによく使われるものは、**InDesign形式（.indd）**[★7]と**PDF形式（.pdf）**です。ただし、印刷通販や同人誌印刷所の場合、主流はPDF入稿で、環境に依存しがちなInDesign形式では入稿できないことがあります。Illustrator同様、PDF書き出し時に自動でトンボを追加できますが、印刷所によってはトンボが不要な場合もあります。

[★1] 1枚の紙に印刷したもの。チラシやハガキ、ポスター、折パンフレットなど。P9参照。

[★2] 複数の紙を綴じ合せた、ページを持つ印刷物。書籍や雑誌、カタログ、中綴じパンフレットなど。P10参照。

[★3] レーザーカッターや型などを使用して、紙を切り抜く加工。自由なかたちに切り抜ける。カット位置は「カットパス」と呼ばれるパスで指定する。詳しくはP194参照。

[★4] Illustratorのネイティブ形式。汎用性が高い。ネイティブ形式は、ソフトウエア独自の保存形式で、ソフトウエアの編集機能をすべて保持できる。P170参照。

[★5] PDF入稿用。P144とP148参照。

[★6] EPS形式についてはP180参照。Photoshop EPS形式での保存もこちらで解説。

[★7] InDesignのネイティブ形式。P166参照。

印刷通販では比較的メジャーな Photoshop入稿

印刷通販や同人誌印刷所では、**裁ち落としサイズ**★8の**ラスター画像**を入稿データとして受け付けているところも多いです。この場合、Photoshopでも入稿データを作成できます。Photoshopで保存できるファイル形式のうち、入稿データによく使われるものは、**Photoshop形式(.psd)**★9と**TIFF形式(.tif)**です。

バージョンについての注意点

ネイティブ形式で入稿する場合、印刷所の入稿マニュアルに**対応可能バージョン**の記載があれば★10、作業するソフトウエアがそれと一致しているか確認します。バージョンは、ソフトウエアのメニュー★11で確認できます。

バージョン表記は、メジャーバージョンとサブバージョンで構成されています。**メジャーバージョン**はCS6やCC2024など、ソフトウエアごとに割り当てられる番号で、先頭の数値で区別できます。**サブバージョン**はピリオド以降の数値で、不具合修正や機能追加を示します。入稿マニュアルにバージョンの指定がある場合、メジャーバージョンだけでなく、サブバージョンまで揃える必要があります。

Illustratorについて

その他のペイントソフトで入稿データをつくる

[カラーモード：RGBカラー]の画像を、入稿データとして受け付けている印刷所もあります（**RGB入稿**）。これを利用すると、CLIP STUDIO PAINT★12やペイントツールSAI★13、Photoshop Elements★14など、**[CMYKカラー]で編集できないペイントソフト**でも、入稿データを作成できます。

［CMYKカラー］への変換は印刷所でおこないます。印刷所によっては、内容に合わせた変換メニューを適用するところもあるため、［RGBカラー］のまま入稿したほうが、ディスプレイのイメージに近い仕上がりになることもあります。

★8. 仕上がりサイズの天地左右に裁ち落としを追加したサイズ。

★9. Photoshopのネイティブ形式。P175参照。

★10. 以前は入稿可能なIllustratorのバージョンに上限が設けられることもあったが、Adobe Creative Cloudの登場により、バージョンの上限がない印刷所も増えている。

★11. Illustratorの場合、[Illustrator(ヘルプ)]メニュー→[Illustratorについて]を選択する。このほか、Adobe Creative Cloudデスクトップアプリでも確認できる。

★12. ペイントソフト。株式会社セルシス製。[カラーモード：CMYKカラー]で書き出せる。P184参照。

★13. ペイントソフト。株式会社SYSTEMAX製。カラープロファイルを埋め込みできない。

★14. Photoshopの機能限定廉価版。[カラーモード：CMYKカラー]で編集できないが、Photoshopの大半の機能は使用できる。

1-2 入稿データとカラープロファイル

入稿データを作成するうえで、最初に確認しておきたいのが、[カラー設定]ダイアログです。この設定は、ファイルを開いたり、[カラーモード]を変換するときに影響します。

カラープロファイルについて

カラープロファイルは、**色の見えかたを指定する基準**です。コンピューターでの作業に慣れていれば、[R：255／G：0／B：0]や[C：0%／M：100%／Y：100%／K：0%]という数値を見たら、なんとなく赤い色が予想できるでしょう。ただ、これらの数値には、どのような赤で表示するか、という情報までは含まれていません。ディスプレイで「金赤」で表示するか、それよりくすんだ「海老赤」で表示するか、はたまた赤より淡い「薔薇色」で表示するか。そういった見えかたを決定するのが、カラープロファイルです。

薔薇色

金赤

海老赤

Adobe RGBとsRGB

関連記事｜RGB入稿の特長と注意点 P178

[RGBカラー]のファイルを開く場合[★1]、カラープロファイルが埋め込まれていればそれを使用すればよいのですが、問題になるのは、**埋め込まれていない場合**です。カラープロファイルを使用せずにファイルを開くことはできないため、何らかのカラープロファイルを使用することになります。

インストール後にとくに変更を加えていない場合は、**[カラー設定]ダイアログ**の**[作業用スペース]**[★2]にデフォルト[★3]で設定されている[RGB]のカラープロファイル**[sRGB IEC 61966-2.1]**を使用して開くことになります。このカラープロファイルは色域が狭いため、本来のカラープロファイルと異なる場合、作業時のディスプレイより沈んだ色で表示されるおそれがあります[★4]。入稿データの作成では、印刷に適した[CMYKカラー]へ変換するために、[RGBカラー]のファイルを開くケースが多いと思われます。[RGBカラー]から[CMYKカラー]への変換は、ディスプレイに表示された色を、CMYKそれぞれの[カラー値]に変換する処理になるため、そのまま変換すると、制作者が意図しない色の沈みまで印刷に反映されることになります。

★1. 入稿データ作成において、カラープロファイルが印刷物の品質に大きく影響するのは、[RGBカラー]のファイルを本来のカラープロファイルと異なるものを使用して開いたとき。カラープロファイルがファイルに埋め込まれておらず、不明な場合に、起こりうる問題。本書では解決策として、より色域の広いカラープロファイルを使用して開くことを提案している。

★2. 指定したカラープロファイルによって構築されるカラースペース。

★3. [作業用スペース]のデフォルトは、[RGB：sRGB IEC 61966-2.1][CMYK：Japan Color 2001 Coated]。

★4. 色域の広いカラースペースで作成したファイルを、それより色域の狭いカラープロファイルを使用して開くと、色が沈む傾向がある。逆に、色域の狭いカラースペースで作成したファイルを、色域の広いカラープロファイルを使用して開くと、色が鮮やかになる傾向がある。[RGBカラー]から[CMYKカラー]への変換で色が多少沈むことになるため、少しでも鮮やかに表示した状態で変換するほうが、色域を残せる。

KEYWORD
カラープロファイル

別名：ICCプロファイル、プロファイル

ディスプレイやプリンターなどのデバイス（入出力機器）が持つ色空間の情報を数値化したもの。画像に埋め込んで色の見えかたを固定したり、[カラーモード]変換時の基準となる。Illustratorでは「ICCプロファイル」と表記されることが多い。ICCは「International Color Consortium」の略。

[作業用スペース]の[RGB]を、比較的色域の広い**[Adobe RGB（1998）]**に変更しておけば、カラープロファイルが埋め込まれていないファイルを開いても、色の沈みを多少は回避できます。変更するには、**[編集]メニュー→[カラー設定]**[★5]を選択して、**[カラー設定]ダイアログ**を開き、[作業用スペース]で[RGB：Adobe RGB（1998）]に設定します。

[Adobe RGB（1998）]は、**[CMYKカラー]の色域**（印刷用のインキで再現できる色域）もほとんど含めることができます。Photoshopで[RGBカラー]の新規ファイルを作成する際も、このカラープロファイルを選択しておくと[★6]、[CMYKカラー]の色域をほぼすべて使用できます。

[★5]. Adobeソフトに共通の操作。

[★6]. [新規ドキュメント]ダイアログでカラープロファイルを設定できる。[カラーモード]を選択すると、自動的に[作業用スペース]が設定されるが、[ビットマップ（モノクロ2階調）]などを選択することで一度でも[カラーマネジメントしない（このドキュメントのカラーマネジメントを行わない）]に設定すると連動しなくなる。

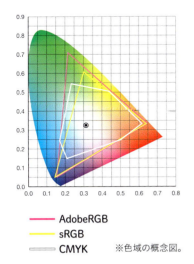

— AdobeRGB
— sRGB
— CMYK　　※色域の概念図。

AdobeRGBで開いてCMYK変換

sRGBで開いてCMYK変換

Adobe RGB　sRGB

R：255
G：0
B：0

R：194
G：0
B：123

R：255
G：0
B：255

R：0
G：255
B：255

R：0
G：255
B：0

R：0
G：255
B：128

R：255
G：255
B：0

sRGBはシアンからグリーンへの色域がAdobe RGBより狭いため、このカラープロファイルで開くと水色や緑色が浅めに表示される。右のカラーサンプルは、[カラーモード：RGBカラー]でその数値の色で作成した塗りつぶしを、CMYK変換したもの。[R：194／G：0／B：123]は、[M：100%]に相当する色。

［カラーマネジメントポリシー］について

　［作業用スペース］の［RGB］を色域の広い［Adobe RGB (1998)］に変更したところで、本来のカラープロファイルと異なれば、制作者の意図しない色で開いてしまうことには変わりありません。［カラー設定］ダイアログの［カラーマネジメントポリシー］の設定を見直すと、カラープロファイルが埋め込まれていないファイルを開く際に、警告ダイアログを表示するように変更できます。

　［カラーマネジメントポリシー］では、カラープロファイルが埋め込まれていないファイルや、［作業用スペース］の設定と異なるファイルを開くときに、適用する方針を指定できます。デフォルトでは、**［埋め込まれたプロファイルを保持］**または**［カラー値を保持（リンクされたプロファイルを無視）］**に設定★7されています。いずれにせよ、カラープロファイルが埋め込まれたファイルを開く場合は、［作業用スペース］と一致しなくても、埋め込まれたカラープロファイルを使用して開くため、このままでOKです。

　［開くときに確認］と［ペーストするときに確認］のデフォルトはオフになっていますが、このうち、**［埋め込みプロファイルなし］**の**［開くときに確認］**にはチェックを入れておくことをおすすめします★8。チェックを入れると、**カラープロファイルが埋め込まれていないファイルを開く**ときに**警告ダイアログ**が表示され、処理を選択できるためです★9。また、警告ダイアログが表示されることで、カラープロファイルが埋め込まれていないことにも気づくため、そのタイミングで制作者に確認することが可能になります。ただし、入稿用にあえてカラープロファイルを埋め込まずに保存した［CMYKカラー］のファイルも対象になってしまうため、作業に応じて、設定を適宜調整するとよいでしょう。

★7．IllustratorとInDesignでは、［CMYK］のデフォルトが［カラー値を保持（リンクされたプロファイルを無視）］に設定されている。

★8．オフの場合、カラープロファイルが埋め込まれていないファイルは、［作業用スペース］のカラープロファイルを使用して開く。

★9．［カラーマネジメントポリシー］が［オフ］の場合、［開くときに確認］にチェックが入っていても、警告ダイアログが表示されない。ただ、本来のカラープロファイルと異なるものを使用して開いても、カラープロファイルを埋め込まずに保存すれば、［カラー値］自体は保持できる。［サイズ］や［解像度］に限れば、この方法で変更できる。

［カラーマネジメントポリシー］の選択肢	（警告ダイアログのデフォルトの選択肢）カラープロファイルが［作業用スペース］と異なる場合	（警告ダイアログのデフォルトの選択肢）カラープロファイルが埋め込まれていない場合
オフ	埋め込まれたプロファイルを破棄（カラーマネジメントをしない）　◆1	（警告ダイアログなしに［作業用スペース］のカラープロファイルを使用して開く。情報パネルには「タグなし」と表示される）
埋め込まれたプロファイルを保持	作業用スペースの代わりに埋め込みプロファイルを使用　◆2	作業用RGB（CMYK）を指定　◆3
作業用RGB（CMYK）に変換	ドキュメントのカラーを作業スペースに変換　◆3	

※Photoshopの［カラー設定］の［カラーマネジメントポリシー］が、警告ダイアログのデフォルトにどう影響するかを表にまとめたもの。警告ダイアログが表示されるぶんには、処理を選択できる。
※「作業スペース」「作業用RGB（CMYK）」は、「作業用スペース」を指す。
※　　　［開くときに確認］にチェックを入れても、警告ダイアログが表示されず、処理を選択できず、また、処理が不明になるケース。

◆1：［作業用スペース］のカラープロファイルを使用して開く。情報パネルには「タグなし」と表示される。
◆2：ファイルに埋め込まれたカラープロファイルを使用して開く。
◆3：［作業用スペース］のカラープロファイルを使用して開く。

［CMYKカラー］変換時の影響

関連記事｜ファイルの［カラーモード］を変更する　P21

　［カラーモード：RGBカラー］のファイルを［CMYKカラー］に変換する場合も、［カラー設定］ダイアログの［作業用スペース］が影響します。たとえば、［CMYK：Japan Color 2001 Coated］に設定されている場合、［RGBカラー］のファイルに［イメージ］メニュー→［モード］→［CMYKカラー］[★10]を適用すると、［Japan Color 2001 Coated］を基準として変換されます。

　［RGBカラー］のファイルを［CMYKカラー］のファイルに埋め込む[★11]場合にも、［作業用スペース］が影響します。埋め込みの過程で、［RGBカラー］のファイルは［CMYKカラー］に変換されることになりますが、このときの変換基準も［作業用スペース］のカラープロファイルになります。

　Adobeソフトの場合、［作業用スペース］の［CMYK］のデフォルトは、印刷業界で広く使われている［Japan Color 2001 Coated］[★12]に設定されています。そのため、［CMYK］の設定については、インストール後にとくに変更しなくてもOKです。ただし、1台のコンピューターを複数の人数で共有していたり、設定が不明な場合は、一度確認しておくことをおすすめします。

★10．［イメージ］メニューで変換すると［カラー設定］が影響するが、［編集］メニュー→［プロファイル変換］で変換すると、他のカラープロファイルも選択できる。

★11．ファイルや画像の埋め込みについては、P76参照。

★12．コート紙に印刷することを想定してつくられたカラープロファイル。印刷物によっては、［Japan Color 2011 Coated］を使用することもある。「Coated」はコート紙、「Uncoated」は非コート紙、「Newspaper」は新聞紙をそれぞれ意味する。

［カラーモード：RGBカラー］の画像に［イメージ］メニュー→［モード］→［CMYKカラー］を適用する。

Japan Color 2001 Coated
カラープロファイル

カラープロファイル［Japan Color 2001 Coated］を基準に［CMYKカラー］に変換される。

［Japan Color 2001 Coated］を基準に変換

［カラーモード：RGBカラー］で赤［R：255／G：0／B：0］の塗りつぶしを作成し、［カラーモード：CMYKカラー］に変換した例。基準とするカラープロファイルによって、［カラー値］が微妙に異なる。［Japan Color 2001 Coated］を基準にすると、やや浅い赤になる。

［Japan Color 2002 Newspaper］を基準に変換

［Japan Color 2002 Newspaper］を基準にすると、金赤［M：100％／Y：100％］に近い赤になる。

カラー値

Photoshopの情報パネルに［RGBカラー］と［CMYKカラー］の両方を表示すると、画像にカーソルを重ねるだけで、変換結果を事前に知ることができる。この場合、カラープロファイルは［作業用スペース］に設定されたものが基準となる。

KEYWORD
カラースペース

別名：色空間

たとえば人間の目は、3つの視細胞（錐体）によって色を判別するため、3つのパラメーターを採取できる。このような値を(X,Y,Z)の3次元座標に割り当て、立体モデル化したものがカラースペース（色空間）であり、現実に存在する空間ではない。

CHAPTER1 入稿データをつくるための基礎知識

1-3 ［カラーモード］を選択する

IllustratorやPhotoshopの場合、ファイル作成時に適切な［カラーモード］を選択する必要があります。作業途中に［カラーモード］を変更すると、予期せぬ色の変化を招いてしまうこともあります。

［カラーモード］とインキの関係

コンピューターのディスプレイは、「光の三原色」であるR（Red／赤）・G（Green／緑）・B（Blue／青）の3つの色成分で表現されています。一方、一般的なカラー印刷は、「色材の三原色」[★1]であるC（Cyan／青緑）・M（Magenta／赤紫）・Y（Yellow／黄）にK（Key plate／黒／墨）[★2]を加えた4つの色成分で表現されています。このような色の表現方法の違いが、［カラーモード］です。カラー印刷の場合は、色成分がそのまま使用するインキの色になります。

IllustratorやPhotoshopでは、新規ファイル[★3]作成時に［カラーモード］を選択する必要があります[★4]。入稿データによく使用するのは、**［CMYKカラー］［グレースケール］［モノクロ2階調］**の3種類です。［CMYKカラー］というと、カラー印刷用と思い込みがちですが、［CMYKカラー］のいずれかひとつのインキ[★5]を使用して、1色刷りの入稿データも作成できます。

★1. 色材とは、わかりやすくいうと絵の具のこと。

★2. 本書では、「C」「シアン」「Cyan」を指す言葉として、「Cインキ」「C版」を使用する。他のインキも同様のルールで表記する。

★3. IllustratorやInDesignでは、ファイルのことを「ドキュメント」と呼ぶことがあるが、本書では「ファイル」で統一している。

★4. InDesignのファイル自体に、［カラーモード］はない。

★5. 通常はKインキを使用することが多い。

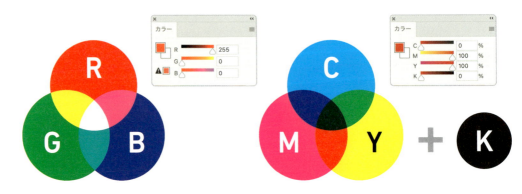

RGBカラー（光の三原色）
重なりはかならず明るくなる。2色の重なりは黄、青緑、赤紫、3色は白になる。

CMYKカラー（色材の三原色）
重なりはかならず暗くなる。2色の重なりは青、赤、緑、3色は黒になる。ただし浅い黒になるのと、版ずれのおそれもあり本文などに使用できないため、印刷では黒の部分はKインキで表現する。

KEYWORD
シーエムワイケー
CMYK

別名：プロセスカラー、4色、フルカラー、カラー

カラー印刷に使用する、シアン（C）・マゼンタ（M）・イエロー（Y）・キープレート（K）の4つの色またはインキのこと。印刷の現場では、「プロセスカラー」と呼ばれることが多い。

株式会社 廣済堂のBrilliant Palette[★6]のように、ディスプレイに表現された色の鮮やかさを、印刷に反映するシステムの開発も進んでいます。このようなシステムを利用する場合、[RGBカラー]で作業してそのまま入稿したほうが、よりよい結果を得られることがあります。そのため、カラー印刷の入稿データなら一概に[CMYKカラー]で作業すればOK、とは言い切れません。事前に印刷所の入稿マニュアルで確認、または印刷所に相談するとよいでしょう。

ファイルの[カラーモード]を変更する

関連記事｜[CMYKカラー]変換時の影響 P19

デジタルカメラで撮影した写真や、ペイントソフトで描画したカラーイラストは、たいてい[カラーモード：RGBカラー]です。RGB入稿をのぞいて、入稿データとして使う場合は、[CMYKカラー]に変換する必要があります。Photoshopで**[イメージ]メニュー→[モード]→[CMYKカラー]**を選択すると変換できますが、この場合、[カラー設定]ダイアログの[作業用スペース]（カラープロファイル）が基準になります。国内で印刷する場合、**[CMYK：Japan Color 2001 Coated]**[★7]に設定されていれば、たいていは問題ありません。

Illustratorで新規ファイル作成時に選択できる[カラーモード]は、[CMYKカラー]と[RGBカラー]の2種類しかないので、入稿データの場合は迷わず**[CMYKカラー]**を選択すればよいでしょう。間違えて[RGBカラー]で作業を進めてしまっても、**[ファイル]メニュー→[ドキュメントのカラーモード]→[CMYKカラー]**を選択すれば、[CMYKカラー]に変換できます。ただし、**[カラー値]は変化する**ため、変換後はこれらの変化を確認する必要があります。

IllustratorやPhotoshopの場合、**[カラーモード：RGBカラー]でもカラーパネルをCMYK表示のまま使えてしまう**ため、注意が必要です。たとえば、[RGBカラー]のファイルで、オブジェクトの色を黒[C：0%／M：0%／Y：0%／K：100%]に設定したあと、ファイルを[カラーモード：CMYKカラー]に変更すると、オブジェクトの色は[C：78.1%／M：81.2%／Y：82.4%／K：66.4%]に変わります[★8]。色の見た目はあまり変わらなくても、**色を表現するインキの数**とその**[カラー値]**が変化します。1色のインキだけで表現していれば**版ずれ**の影響を受けなかったはずが、4色のインキを使用することになると、たとえ版ずれが起きなかったとしても、図柄がぼやけることがあります[★9]。版ずれが起きると、細かい文字はつぶれて**可読性**が損なわれるため、深刻な問題となります。作業途中にファイルの[カラーモード]を変更した場合は、見た目があまり変化していなくても、[カラー値]の点検が必要です。

★6. オリジナルインキとそれに合わせた製版技術により、色域の広いディスプレイのような鮮やかな色を再現する印刷技術。ドーナツ網点（同心円状の網点）により、インキがのる範囲が狭くなるため、インキの膜厚を薄くできる。これにより、高精細で透明感のある色の再現が可能。

★7. デフォルトはこの設定になっているが、他のカラープロファイルを推奨している印刷所もあるため、入稿マニュアルで確認するとよい。

★8. [CMYKカラー]の黒[C：0%／M：0%／Y：0%／K：100%]は[グレースケール]の黒[K：100%]に変換できない。[RGBカラー]の黒[R：0／G：0／B：0]は[グレースケール]の黒に変換できる。このような[カラーモード]をまたいだ黒の変換については、P100参照。

★9. 「版ずれ」は、版がずれて印刷されること。図柄の表現に使用するインキの数が複数になると、版も複数になり、ずれが発生することがある。

[RGBカラー]で設定　カラー値　[CMYKカラー]に変更

[カラーモード：RGBカラー]でカラーパネルをCMYK表示にし、黒[C：0%／M：0%／Y：0%／K：100%]に設定したあと、[カラーモード：CMYKカラー]に変更すると、[カラー値]が変わる。

1-4 ［解像度］を設定する

［解像度］は、文字や図柄の細やかさを示す数値で、印刷物のクオリティに大きく影響します。適切な［解像度］は、［カラーモード］や印刷物の種類によって変わります。低いと粗い仕上がりになりますが、高すぎても一定値以上は効果がないばかりか、作業に支障をきたします。

入稿データに適した［解像度］

関連記事｜［カラーモード］とインキの関係 P20

　［解像度］は、**ラスター画像**[★1]**の画素（ピクセル）の密度**をあらわす数値です。単位は一般的に「**dpi（dots per inch）**」ですが、Adobeソフトでは「**ppi（pixels per inch）**」が使用されているため、本書ではこちらで表記します。印刷物の場合、最適な［解像度］は、［カラーモード］によって変わります。［**CMYKカラー**］や［**グレースケール**］の場合は、300ppiから400ppi程度[★2]とされています。印刷所からは350ppiと指定されるケースが多く、とくに指定が見当たらない場合は、この［解像度］で作業すれば問題ないと思われます。印刷に適切な［解像度］は「**スクリーン線数の2倍**」といわれ、一般的なカラー印刷に使用される線数は**175線**[★3]なので、これを2倍して350ppiというわけです。

　［**モノクロ2階調**］の場合は、適切な［解像度］が**600ppiから1200ppi程度**と、やや高めです。これは、［モノクロ2階調］の画像は**黒または白のピクセルのみで構成**されていて、［グレースケール］のような黒と白の中間を補うグレーのピクセルがなく、文字や図柄を滑らかに表現するためには、多数の画素を必要とするためです。

★1．色のついたピクセルの集合体で構成される画像。

★2．遠くから見る大判ポスターなどは、これより低くてもかまわない。画像の［サイズ］が非常に大きい場合、［解像度］をある程度下げないと作業できないこともある。

★3．スクリーン線数は、紙質によっても変わる。たとえば新聞などは紙の目が粗いため、60線から80線と低め。特色印刷は133線で刷ることもあり、その場合の適切な［解像度］は266ppi。

CMYKカラー（350ppi）

グレースケール（350ppi）

モノクロ2階調（1200ppi）

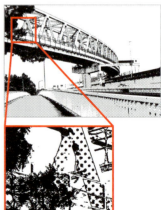

※すべて原寸で掲載。下段の画像は500％拡大。［モノクロ2階調］のサンプルは、CLIP STUDIO PAINTで作成。

Photoshopで新規ファイルの［解像度］を設定する

　［解像度］を設定するタイミングは、ソフトウエアによって変わります。Photoshopの場合、［解像度］は新規ファイル作成時に設定します。Photoshopで作成した画像は、IllustratorやInDesignのファイルに配置するほか、そのまま入稿データとして使う[★4]こともあります。いずれにせよ、原寸で最適な[解像度][★5]を保てるように設計する必要があります。配置後、縮小するぶんには［解像度］は上がりますが、拡大すると落ちてしまう[★6]ため、［サイズ］が確定していない場合は、原寸より大きめで用意したほうがよいでしょう。

★4. Photoshop 形式のファイルで入稿することを、「Photoshop入稿」と呼ぶ。詳しくはP175参照。

★5. ［CMYKカラー］や［グレースケール］は350ppi、［モノクロ2階調］は600ppiなど。

★6. ある程度は補間されるため、120%程度までは拡大して使えることがある。ただし、原寸の段階で最適な［解像度］に設定されていることが条件。

★7. 透明の分割・統合については、P80参照。

IllustratorやInDesignでの［解像度］の影響

　IllustratorやInDesignの場合、ファイル自体の［解像度］については設定不要です。パスやテキストなどのベクター系オブジェクトは、何もしなくても高解像度で出力されます。ただ、配置したラスター画像や、［ドロップシャドウ］などのラスタライズ効果によって生成されたピクセル、分割・統合[★7]のおそれがある透明オブジェクトなど、［解像度］の影響を受ける箇所はあります。

KEYWORD
解像度（かいぞうど）

別名：画像解像度

1インチ（inch）あたりの画素（ピクセル）数。画像の細やかさを測ることができる。画素数が多いほど、精細な画像になる。

KEYWORD
スクリーン線数（せんすう）

1インチ（inch）あたりに並ぶ網点の数で、印刷の精度をあらわす。単位は「lpi（lines per inch）」。最適な［解像度］を割り出すための目安になる。

KEYWORD
ラスタライズ効果（こうか）

ピクセルを生成するタイプのIllustratorの効果。［効果］メニュー→［スタイライズ］の［ぼかし］［ドロップシャドウ］［光彩（内側）］［光彩（外側）］、［SVGフィルター］、［Photoshop効果］などが含まれる。

CHAPTER1 入稿データをつくるための基礎知識

Illustratorの場合、**新規ファイル作成時**[8]に、[**ラスタライズ効果**]を設定する必要があります。この設定は、[ドロップシャドウ]や[Photoshop効果]など、ピクセルを生成して表現する効果（**ラスタライズ効果**）の[解像度]に影響し、入稿データの場合は通常、[**高解像度（300ppi）**]に設定します。なお、ファイル作成後も、[**効果**]**メニュー→[ドキュメントのラスタライズ効果設定]**を選択すると、設定を変更できます。[ドロップシャドウ]などが低解像度で表示された場合、ここの設定を見直してみると、解決することがあります[9]。

★8. 従来の[新規ドキュメント]ダイアログを開くには、[詳細設定]をクリックする。この場合、ダイアログ名は[詳細設定]、[カテゴリー：印刷]は[プロファイル：プリント]となる。

★9. InDesignの場合、[ドロップシャドウ]などが低解像度で表示されるのは、表示画質の設定による。[表示]メニュー→[表示画質の設定]→[高品質表示]に切り替えると、高解像度で表示される。

[ラスタライズ効果]は、[詳細オプション]を開くと確認・変更できる。

[カテゴリー：印刷]を選択すると、自動で[単位：ミリメートル][カラーモード：CMYKカラー][ラスタライズ効果：高解像度(300ppi)]に設定される（ただし[ドキュメントプリセット]によって例外あり）。

[ラスタライズ効果]と[ドキュメントのラスタライズ効果設定]ダイアログの[解像度]は、同じ設定項目。

[その他]を選択すると、[解像度]を設定できる。

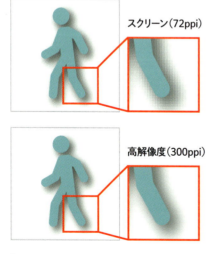

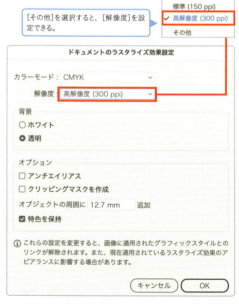

[ドキュメントのラスタライズ効果設定]の[解像度]は、生成されたドロップシャドウや光彩などの[解像度]になる。低解像度に設定すると、階調差の目立つグラデーションになる。

このダイアログは、[効果]メニュー→[ドキュメントのラスタライズ効果設定]を選択して開いたもの。

書き出し時や保存時に設定する［解像度］

関連記事｜［詳細］でフォントと透明関連を設定する P157

IllustratorやInDesignのファイルを、**透明をサポートしない形式**で保存すると、**透明オブジェクトとその影響を受ける部分が分割・統合されることがあります**★10。この理由についてはP80で説明しますが、この処理の［解像度］は、**［透明の分割・統合プリセット］**の設定が影響します。これが［［低解像度］］に設定されていると、低解像度の画像に変換されてしまいます。

★10. 透明オブジェクトの例として、［乗算］などの透明効果を使用したオブジェクトや、透明部分を持つ配置画像などがあげられる。ラスタライズ効果の［ぼかし］や［ドロップシャドウ］などは、透明効果でもある。

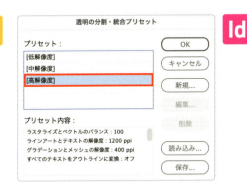

保存時のダイアログで選択肢として表示される［プリセット］は、［透明の分割・統合プリセット］ダイアログで管理できる。このダイアログは、Illustrator／InDesignとも、［編集］メニュー→［透明の分割・統合プリセット］を選択すると開く。

［透明の分割・統合プリセット］は、**書き出し時**や**保存時**に設定します★11。Illustratorの場合、PDF書き出し時は［Adobe PDFを保存］ダイアログの**［オーバープリントおよび透明の分割・統合オプション］**★12、Illustrator EPS保存時は［EPSオプション］ダイアログの**［透明］**★13で設定できます。両方とも**［プリセット：［高解像度］］**に設定します。

InDesignの場合、［Adobe PDFを書き出し］ダイアログの**［透明の分割・統合］**で**［プリセット：［高解像度］］**に設定します。なお、グレーアウトしている場合、設定は不要です。

★11. Illustratorの場合、［ドキュメント設定］ダイアログでも［透明の分割・統合プリセット］を設定できる。ただしここを［［高解像度］］に変更しても、書き出し時のダイアログは同期しない。［ドキュメント設定］ダイアログは、［ファイル］メニュー→［ドキュメント設定］を選択すると開く。

★12. P157参照。

★13. P80参照。

[Adobe PDFを保存]ダイアログの［詳細設定］セクション
［互換性のある形式：Acrobat4（PDF1.3）］を選択したときのみ表示。

[EPSオプション]ダイアログ
透明オブジェクトが存在する場合のみ表示。

[Adobe PDFを書き出し]ダイアログの［詳細］セクション
［互換性：Acrobat4（PDF1.3）］を選択したときのみ表示。

CHAPTER1 入稿データをつくるための基礎知識

1-5 版を理解する

多くの印刷物は、「版」を使用して印刷します。入稿データをつくることは、版の内容をコントロールすることと同じです。そのため、版について理解しておくと、入稿データの作成がスムーズにおこなえます。

印刷のしくみと版の役割

印刷[*1]のしくみは、**印鑑**や**スタンプ**と似ています。印鑑やスタンプの印面は、凸面と凹面に彫り分けられていることで、凸面にのみインキがのります。印刷の「**版**」はこの印面と同じ役割を果たします。インキを版にのせて**文字や図柄**を形成し、これを**紙に転写**することで、印刷できます。

版は**使用するインキの数**だけ必要です。使用するインキが1色なら、版は1枚あればOKです。2色刷りなら2枚必要です。複数の版を使用した印刷を「**多色刷り**」と呼び、

★1. 版を使用しないオンデマンド（デジタル）印刷は除く。

印刷結果（1色刷り）

1C版（ピンクインキ）

印刷結果（2色刷り）

1C版（黄インキ）

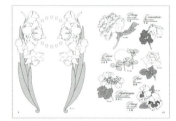

2C版（緑インキ）

1色刷りと2色刷りの例。使用するインキの数だけ版が必要。版の黒やグレーの部分にインキがのる。グレーの部分は網点化される。なお、印刷結果はシミュレーションで、実際の印刷物ではない。

KEYWORD 分版（ぶんぱん）	別名：色分解、版分け 使用するインキの色ごとに版に分けること。

KEYWORD 多色刷り（たしょくずり）	複数のインキを使用して印刷すること。インキを2色使う場合を「2色刷り」、3色以上を「多色刷り」と呼び分けることもある。

印刷結果(3色刷り)

1C版(Cインキ)

2C版(Mインキ)

3C版(Yインキ)

版を重ねて色を表現できます。たとえば、赤と青の絵の具を混ぜると紫色をつくることができますが、これと同じようなことが、版を重ねることで可能になります。実際の印刷では、**網点化**して重ねることで、色を表現します。Adobeソフトの場合、カラーパネルなどに表示された[**カラー値**]が、暫定の「**網点%**」★2になります。

　基本インキCMYKを掛け合わせれば、ほとんどの色を表現できます。一般に「**カラー印刷**」というとき、この4色のインキを使用した印刷を指すのはそのためです。この基本インキCMYKで色を表現するのが、[**カラーモード：CMYKカラー**]です。この[カラーモード]で作業したり変換すると、**自動的に4枚の版**★3**に分解される**ため、カラー印刷用の入稿データを作成できるというわけです。

★2. 網点の面積の比率。低いと小さい網点、高いと大きな網点になる。[100%]はべた塗りになる。

★3. コンピューターのディスプレイでべた塗りで表示されている部分は、印刷では網点になるため、厳密には同じものではないが、本書では、分版プレビューパネルの切り替えによって表示される画像や、チャンネルの画像なども、ざっくり「版」と呼ぶ。

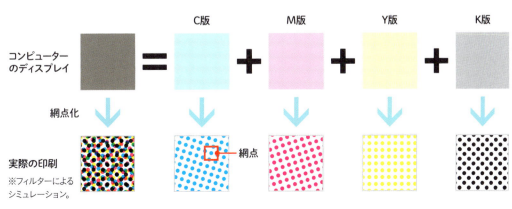

ソフトウエアで版の状態を確認する

関連記事｜Photoshopのチャンネルについて P130

Adobeソフトのうち、IllustratorやInDesignには、版の状態を確認できる**分版プレビューパネル**[4]があります。Photoshopの場合、**チャンネル＝版**なので、版の状態は**チャンネルパネル**で確認できます。**調整レイヤー[チャンネルミキサー]**[5]を利用すれば、版の状態をコントロールできます。

★4．従来のInDesignでは「分版パネル」。[ウィンドウ]メニューから開ける。

★5．[チャンネルミキサー]の使い方については、P106やP133参照。

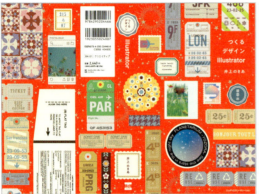

Illustratorでは、特色スウォッチをスウォッチパネルに読み込むだけで版が形成されるが、[使用されている特色のみを表示]をオンにすると、版を絞り込める。

[シアン]のみ表示すると、C（シアン）版の状態を見ることができる。分版プレビューパネルの左側の目のアイコンで、表示／非表示を切り替えできる。

[ブラック]のみ表示すると、K（ブラック）版の状態を見ることができる。

Photoshopのチャンネルパネルでは、チャンネルの画像をサムネールで見ることができる。入稿用のIllustratorファイルやPDFファイルも、Photoshopで開くと、版の状態を一覧できる。ただし、特色スウォッチを使用した部分は基本インキCMYKに分解されて各チャンネルに分散するため、特色スウォッチを含むファイルに対しては、この方法は使えない。

ディスプレイの表示　　実際の印刷

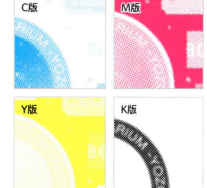

印刷工程では最終的にチャンネルごとに網点化される（印刷サンプルは［カラーハーフトーン］フィルターによるシミュレーション）。チャンネルパネルの画像は、印刷に用いる版の状態とイコールではないが、インキがのる場所の参考にはなる。CMYK表示の［カラー値］は網点のサイズを指定するもので、印刷業界では一般的に「網点%」という名称だが、本書ではAdobeソフトにしたがい、［カラー値］と表記する。

刷り順の影響

多色刷りの場合、版を重ねる順番、すなわち「**刷り順**」が発生します。刷り順は、印刷所や印刷物、インキや媒体などさまざまな条件によって変わります。影響が大きいのは、**半透明**や**不透明**のインキを使用するケースです。たとえば半透明の赤インキの上に半透明の白インキを重ねると、霞がかった赤になります。このような場合は、重なりを予想しながら入稿データを作成し、刷り順を指定、または印刷所に相談するとよいでしょう★6。

白インキを先に印刷し、その上から赤インキを印刷した例。用紙はクラフト紙。

頭に入れておきたいオーバープリント

関連記事｜オーバープリントについて P88

オーバープリント（ノセ）は製版指定のひとつで、**他の版に重ねて印刷する**ことを指します。デフォルトでは、オブジェクトの重なりは**ノックアウト（ヌキ）**に設定されます。使わなければ無関係でいられるように思えますが、**意図しないオーバープリント**が入稿データに紛れ込むことがあります。このほか、［**K：100%**］を使用したオブジェクトは、RIP処理時に自動的にオーバープリントに設定されることがあるため（**自動墨ノセ**）★7、オーバープリントを意識せずに入稿データを作成すると、予期せぬトラブルが発生することがあります。

★6．一般的なカラー印刷は透明インキなので、刷り順を指定する必要はない。

★7．自動墨ノセについては、P94参照。

ノックアウト（ヌキ）

オーバープリント（ノセ）

たとえば、青緑［C：100%］のオブジェクトの上に赤紫［M：100%］のオブジェクトを重ねると、重なりは赤紫［M：100%］になる。これがノックアウトの状態。赤紫［M：100%］のオブジェクトをオーバープリントに設定すると、重なりは紺［C：100%／M：100%］になる。

KEYWORD

あみてん　パーセント
網点　%

最終的に網点化された場合の、網点の面積の比率。単位は「%」。CMYK表示やグレースケール表示のカラーパネルなどで調整できる。最大値の［100%］はベタ（べた塗り）、最小値の［0%］は透明になる。それ以外の比率は網点化される。

CHAPTER1 入稿データをつくるための基礎知識

1-6 トンボについて

トンボは、断裁位置を指定したり、多色刷りの版の位置を揃えるために、仕上がりサイズの四隅や辺の中央などにつける目印です。トンボのつくりかたや意味をきちんと理解すれば、たいていの印刷物は制作できるようになります。

トンボの役割

印刷物は通常、大きめの紙に印刷したものを**断裁**[★1]して仕上げます。そのため、**断裁位置を指定**するための目印が必要です。また、複数の版を重ねて印刷する場合、**版の位置合わせ**のため、共通の目印も必要となります。その両方の機能を持つのが、**トンボ**です。「**トリムマーク**」[★2]と呼ばれることもあります。

★1. 紙を断裁機で裁ち切ること。

★2. Illustratorの場合、環境設定は「トンボ」、メニューでは「トリムマーク」と表記される。ソフトウエア内で名称が統一されていないことも多いため、別名のトリムマークは覚えておくとよい。

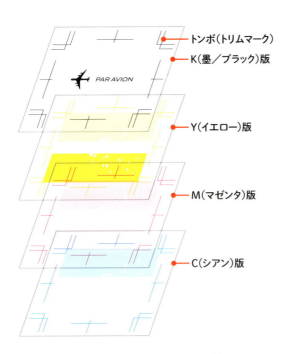

一般的なカラー印刷では、基本インキCMYKで印刷する。この場合、版は4枚必要。

版を重ねた状態(断裁前の印刷物)

断裁後の印刷物

KEYWORD
トンボ

別名:トリムマーク、見当標

断裁位置と版の見当合わせのための目印。コーナートンボ、センタートンボ、折トンボなどの種類がある。

日本式トンボと西洋式トンボ

トンボには大きく分けて、**日本式トンボ**と**西洋式トンボ**の2種類があり、国内で「トンボ」というと、たいていは日本式トンボを指します。日本式トンボは**「二重トンボ」**とも呼ばれ、**内トンボ**と**外トンボ**の2つがセットになっています。内トンボどうしを結んでできる長方形が**仕上がりサイズ**です。外トンボは**裁ち落としサイズ**[★3]を示します。

★3. 仕上がりサイズいっぱいに文字や図柄、色面を配置する場合、「裁ち落とし」と呼ばれる猶予エリアまで配置する。裁ち落としの幅は通常は3mmだが、大判ポスターなどは、ずれの大きさを考慮して、5mmに設定することがある。

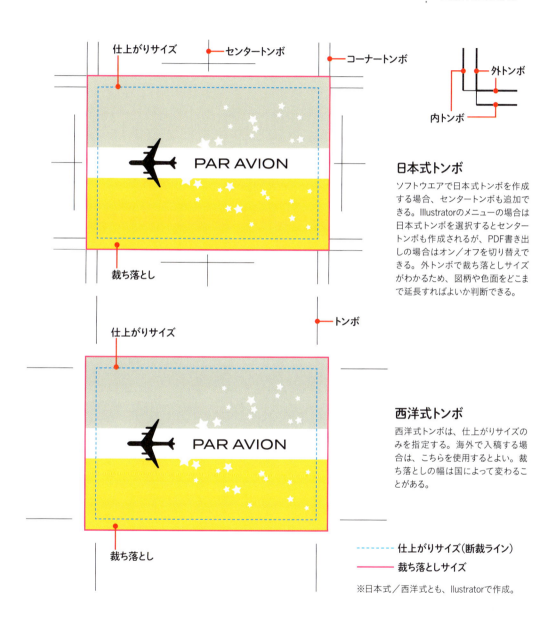

日本式トンボ

ソフトウエアで日本式トンボを作成する場合、センタートンボも追加できる。Illustratorのメニューの場合は日本式トンボを選択するとセンタートンボも作成されるが、PDF書き出しの場合はオン／オフを切り替えできる。外トンボで裁ち落としサイズがわかるため、図柄や色面をどこまで延長すればよいか判断できる。

西洋式トンボ

西洋式トンボは、仕上がりサイズのみを指定する。海外で入稿する場合は、こちらを使用するとよい。裁ち落としの幅は国によって変わることがある。

------ 仕上がりサイズ（断裁ライン）
─── 裁ち落としサイズ

※日本式／西洋式とも、Ilustratorで作成。

KEYWORD
仕上がりサイズ（しあがりサイズ）

別名：仕上がり、 仕上がり寸法、 仕上がり線、 仕上がり位置、 断裁ライン

断裁によって仕上がった印刷物のサイズ。IllustratorやInDesignで新規ファイル作成時に入力する[サイズ]（[幅]と[高さ]）は、仕上がりサイズである。

CHAPTER1 入稿データをつくるための基礎知識

いろいろなトンボ

関連記事｜トンボや折トンボを作成する P192

トンボには、**コーナートンボ、センタートンボ、折トンボ**などの種類があります。**仕上がりサイズを指定**するコーナートンボは、日本式／西洋式ともありますが、センタートンボは日本式トンボのみに付属し、**仕上がりサイズの中心**を測定できます。中心を基準に**面付け**[★4]や**断裁**をおこなうこともあるため、重要な目印です。Illustratorにはオブジェクトとしてトンボを作成するメニューがありますが、コーナートンボはもちろんのこと、センタートンボの位置も絶対にずらさないようにしましょう。

折トンボは、**折位置の指定**のためにつけるトンボです。メニューで作成できないため、短い直線で指定します。つくりかたは、P39で解説します。

★4. 通常、雑誌や書籍などは、大きな紙に複数のページを配置して一度に印刷し、折って断裁して仕上げる。これを効率よくおこなえるように、ページを配置する作業のこと。

書籍のカバーの場合、背や袖の折位置を指定するために、折トンボを使用する。

KEYWORD コーナートンボ	別名：角トンボ、裁ちトンボ、クロップマーク 仕上がりサイズの四隅に配置し、断裁ラインを指定する。日本式トンボの場合、内トンボは仕上がりサイズ、外トンボは裁ち落としサイズを意味する。
KEYWORD センタートンボ	別名：見当トンボ 仕上がりサイズの天地左右の中央に配置する。通常は十字。仕上がりサイズの中心を指定するほか、両面印刷の表裏の位置合わせにも使う。
KEYWORD 折トンボ（おり）	折パンフレットや書籍のカバー、帯などの、折加工の位置を指定する。通常は短い直線で指定する。

裁ち落としの効果

断裁の精度がどれだけ上がっても、**断裁のずれ**★5は発生します。仕上がりサイズにかかる文字や図柄、色面などがある場合、**裁ち落としサイズまで延長**しておけば、断裁のずれが多少発生しても、紙の白地が露出しません。

★5. 断裁のずれが発生しやすい印刷物と、そうでないものがある。サイズの小さいシールなどは、1〜2mmほどずれることがあるため、この影響を考慮して作成する。

裁ち落としありで、断裁ずれが発生　　　裁ち落としなしで、断裁ずれが発生

------ 仕上がりサイズ（断裁ライン）

露出した紙の白地

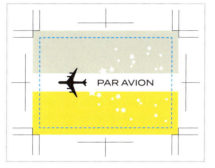

枠のあるデザインで、断裁ずれが発生　　　正確な位置で断裁された状態

裁ち落としがあれば、断裁が多少ずれても紙の白地が露出しないが、裁ち落としがない場合は、少しでもずれると紙の白地が露出する。また、枠のあるデザインの場合も、断裁の精度によっては、ずれを考慮する必要がある。ずれ発生のおそれがある場合、ずれても目立たないように、太枠にして内側に食い込ませたり、仕上がりサイズから離れた位置に枠を配置するなどの工夫が必要。

条件によって変わる裁ち落としの幅

日本式トンボの、内トンボと外トンボの間のエリアが、**裁ち落とし**です。内トンボと外トンボの距離、すなわち**裁ち落としの幅**は、一般に**3mm**★6です。Illustratorで日本式トンボをオブジェクトとして作成する場合、設定できる裁ち落としの幅は、3mmのみです。なお、PDF書き出しの際に追加するトンボは、裁ち落としの幅を自由に設定できます。

★6. IllustratorやInDesignのデフォルトも3mm。印刷物のサイズや種類、印刷や断裁の精度、国によって、推奨値が変わることがある。

KEYWORD
裁ち落とし（た・お）

別名：断ち落とし、断ち切り、塗り足し、裁ち幅、裁ち代、ドブ

文字や図柄、色面を仕上がりサイズいっぱいに配置するために、仕上がりサイズの外側に設ける猶予エリアのこと。別名は多いが、本書ではIllustratorやInDesignでの名称にあわせて、「裁ち落とし」と呼ぶ。

1-7 Illustratorでトンボを作成する

Illustratorには、トンボを作成できるメニューが用意されていますが、これで作成できるのは、コーナートンボとセンタートンボに限られます。折トンボはメニューにないため、描画ツールで描く必要があります。

Illustratorのメニューでトンボを作成する

Illustratorのトンボを作成するメニューは、[オブジェクト]メニューと[効果]メニューの2箇所におさめられています。**[オブジェクト]メニューはトンボのパスを作成**し、**[効果]メニューはオブジェクトにアピアランスを追加**します。日本式トンボ／西洋式トンボの使い分けは、事前に**環境設定**で指定することで可能です。

★1. 基準にしたオブジェクトの[幅]と[高さ]が、内トンボのサイズに反映される。長方形以外も基準にできる。

★2. [効果]メニュー→[トリムマーク]を選択すると、アピアランスとしてのトンボになる。この場合、基準にしたオブジェクトのサイズを変更すると、トンボのサイズも変更できる、トンボのサイズを確認できるというメリットがある。ただし、入稿前に分割する必要がある。

Illustratorで日本式トンボを作成する

STEP1. [Illustrator(編集)]メニュー→[環境設定]→[一般]を選択し、[日本式トンボを使用]にチェックを入れる

STEP2. 仕上がりサイズの長方形を作成し、[塗り：なし][線：なし]に変更する

STEP3. 仕上がりサイズの長方形[★1]を選択した状態で、[オブジェクト]メニュー→[トリムマークを作成][★2]を選択する

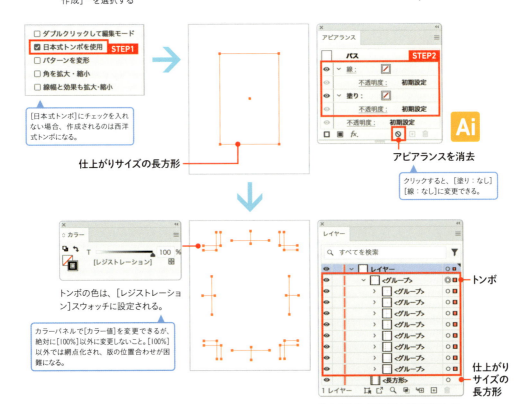

仕上がりサイズの長方形は残るため、文字切れガイドの基準にしたり、トリミング枠などに活用できる。

トンボ作成の際の注意点

メニューで作成するトンボには、基準となるオブジェクトの[線幅]や[効果]メニューによる変形（アピアランス）なども影響するため、これらが設定されていると、正確なサイズで作成できません。メニューを選択する前に、**[塗り：なし][線：なし]**に変更する[★3]ことを忘れないようにしましょう。

日本式トンボの場合、仕上がりサイズの四隅に内トンボ、そこから外側へ3mm離れた位置に外トンボが作成されます。線の長さは両方とも9mmです。西洋式トンボの場合、仕上がりサイズの角から0.25inch（6.4mm）離れた位置に、長さ0.5inch（12.7mm）のトンボが作成されます。ドキュメントの単位を、日本式トンボは**[ミリメートル]**、西洋式トンボは**[インチ]**に設定すると、きりのよい値になります。トンボのパスの設定は、日本式／西洋式とも、**[線幅：0.3pt（0.106mm）][線：レジストレーション]**です。印刷所からの指示がない限り、これらの設定は変更しないようにしましょう。

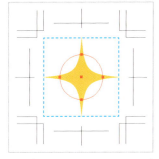

[効果]メニューによる変形が、トンボのサイズに影響する例。

★3. トンボを作成する場合、既存のオブジェクトではなく、トンボ用に別途作成した長方形を基準にするとよい。

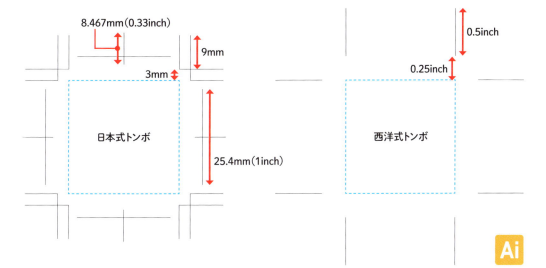

KEYWORD
アピアランス

[効果]メニューによる変形や装飾効果、[線幅]や[不透明度]など、設定のみで変化したオブジェクトの見た目、ひいてはその設定内容を指す。[オブジェクト]メニュー→[アピアランスを分割]で分割するまでは、アピアランスを消去または非表示にすれば、元のオブジェクトの見た目に戻せる。分割するとオブジェクトに直接反映できるが、元には戻せない。ピクセルを生成するタイプのアピアランスは、分割によりラスタライズされる。

KEYWORD
単位（たんい）

Adobeソフトでは、パネルやダイアログなどで使用する単位を[ポイント][ミリメートル][インチ]などから選択できる。国内用の入稿データなら[ミリメートル]が何かと便利。環境設定のほか、定規を[control]キー＋クリック（右クリック）でメニューから変更できる。

KEYWORD
レジストレーション

すべての版に分解される、特殊なカラースウォッチ。トンボなど、すべての版に印刷するオブジェクトに設定する。トンボを作成すると、[線]にこのスウォッチが設定される。

［効果］メニューで作成したトンボについて

　［効果］メニュー→［トリムマーク］で作成したトンボは、オブジェクトに設定された**アピアランス**という扱いになります。オブジェクトではないため、入稿前に**分割**[★4]が必要です。［トリムマーク］を適用したオブジェクトを選択して、［**オブジェクト**］メニュー→［**アピアランスを分割**］を選択すると分割できます。

★4. トンボのサイズ変更や確認の必要がなければ、［オブジェクト］メニューで作成したほうが手間が省ける。作業中は仕上がりサイズの長方形を目安にデザインし、入稿直前にそれを基準としてトンボを作成すると、サイズの間違いや、トンボの改変などを防げる。

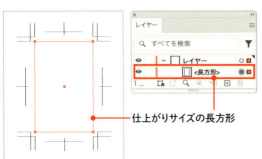
仕上がりサイズの長方形

アピアランスとして追加されたトンボ

バージョンによって変わる作成方法

　トンボに関連するメニューや操作は、バージョンアップにともなう仕様変更の影響を大きく受けてきました。CS3→CS4→CS5あたりの変化がとくに大きく、トンボの作成ひとつをとっても、

- **CS3以前**　：［フィルタ］メニュー→［クリエイト］→［トリムマーク］
- **CS4**　　　：［効果］メニュー→［トリムマーク］（アピアランスの分割が必要）[★5]
- **CS5以降**　：［オブジェクト］メニュー→［トリムマークを作成］

といった具合に、バージョンごとにメニューの名称や場所が異なります[★6]。これには、CS4で［オブジェクト］メニューで作成できるトンボが廃止されたこと（CS5で復活）、CS3まで書き出し範囲の指定として機能していた**トリムエリア**の役割を、CS4以降は**アートボード**が担うようになり、トリムエリアが廃止されたことなどが絡んでいます。また、この変遷は、右ページで解説する**アートボードの［サイズ］**にも影響しています。

★5. リリース後に、［オブジェクト］メニューからトンボを作成するプラグインが配布された。

★6. 本書はCS5以降の使用を前提として解説を進めている。CS4以前で作業する場合は、このメニューを使用する。

KEYWORD

［オブジェクト］メニュー

Illustratorのメニューバーの［オブジェクト］以下の階層におさめられているメニュー。オブジェクトとしてのトンボを作成する［トリムマークを作成］や、［クリッピングマスク］→［作成］、［アピアランスを分割］など、作業の要所要所で使用するメニューが多い。

KEYWORD

［効果(こうか)］メニュー

Illustratorのメニューバーの［効果］におさめられているメニュー。アピアランスでオブジェクトの見た目を変えたり、Photoshopと同じフィルター効果を適用するときに使う。

アートボードの[サイズ]について

関連記事｜トンボにとってかわるIllustratorのアートボード P44

Illustratorでトンボ付きの入稿データを作成する場合、迷うのが、**アートボードの[サイズ]**です。一般的には、次の2種類の方法が考えられます。

① 仕上がりサイズと同じ
② トンボ全体を含むサイズ

現在のところ、多くの印刷所で推奨されているのは①の方法です。現在の出力ワークフローでは、オブジェクトとして描画されたトンボに加え、**ファイルに記録される仕上がりサイズ**、すなわち**アートボード**も重要視されているためです[★7]。

②の方法は、アートボードが仕上がりサイズの指定としては機能しなかった時代（CS3以前）では主流でした。そのため、こちらを推奨している印刷所もあります。また、②には、**トンボ全体がサムネールに表示される**というメリットもあり、折トンボや裁ち落としの外側に指示などが書いてある場合、こちらを選択することもあります。

なお、トンボやアートボードは、Illustratorの仕様上は複数作成できますが、入稿データの場合は複数作成は不可、というところがほとんどです[★8]。

①も②も、アートボードとトンボの**中心を揃える**必要があります。①の場合、仕上がりサイズで新規ファイルを作成し、仕上がりサイズの長方形をアートボードの中央に配置[★9]したあと、それを基準にトンボを作成するとよいでしょう。②の場合は、そのあとでアートボードの[サイズ]を変更する[★10]と、位置のずれを防げます。

[★7]. トンボとアートボードの[サイズ]および中心が一致していることが条件。

[★8]. Illustrator 入稿では不可になることが多いが、PDF入稿の場合、複数アートボードを利用して、両面印刷の表と裏を同じIllustratorファイルでデザインし、複数ページのPDFファイルに書き出すことがある。

[★9]. 仕上がりサイズの長方形を選択し、整列パネルで[整列：アートボードに整列]に設定したあと、[水平方向中央に整列]と[垂直方向中央に整列]をクリックすると、アートボードの中央に配置できる。

[★10]. [基準点：中央]に設定してからアートボードの[サイズ]を変更する。アートボードの[サイズ]はいつでも変更できるため、入稿直前におこなってもよい。

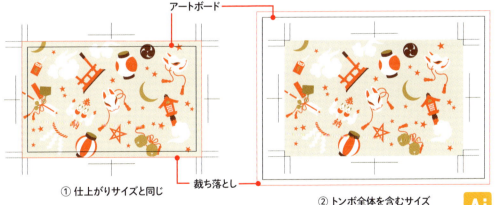

① 仕上がりサイズと同じ
裁ち落とし
② トンボ全体を含むサイズ

KEYWORD
アートボード

Illustratorの作業ウィンドウの黒い枠で囲まれたエリア（環境設定の[ユーザーインターフェイス]を[暗]などに設定した場合は、白い領域）。赤い枠は裁ち落としを示し、ファイルの[裁ち落とし]を[0]以外に設定すると表示される。Bridgeなどのサムネールに表示されるのはアートボードの内側だが、アートボードが複数存在する場合、アートボードパネルでいちばん上に表示されているものが代表して表示される。Illustratorからラスター画像を書き出す場合、アートボードを基準にトリミングして書き出すこともできる。また、IllustratorファイルをInDesignなどに配置する場合、トリミング基準のひとつとして選択できる。

CHAPTER1 入稿データをつくるための基礎知識

裁ち落としのはみ出しを処理する

　裁ち落としからはみ出た文字や図柄がトンボにかかると、トンボが見えづらくなります。**クリッピングマスク**でこのはみ出しを処理しておくと、印刷所が扱いやすい入稿データになります。マスク用のパスは、仕上がりサイズの長方形を裁ち落としぶん拡張して作成します。

裁ち落としからはみ出た図柄がトンボに重なり、見えづらくなっている。

裁ち落としのはみ出しをクリッピングマスクで隠す

STEP1.　仕上がりサイズの長方形を選択し、[オブジェクト]メニュー→[パス]→[パスのオフセット]を選択する

STEP2.　[パスのオフセット]ダイアログで[オフセット：3mm]に設定し、[OK]をクリックする

STEP3.　この長方形を最前面に配置したあと、デザインも追加選択し、[オブジェクト]メニュー→[クリッピングマスク]→[作成]を選択する

[オフセット]に裁ち落としの幅を入力する。

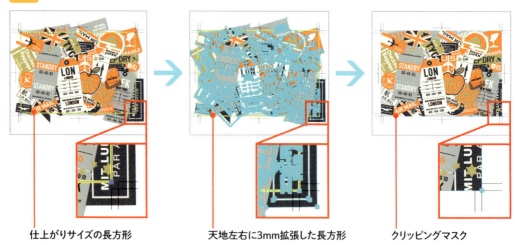

仕上がりサイズの長方形　　　天地左右に3mm拡張した長方形　　　クリッピングマスク

トンボ作成時に基準にした仕上がりサイズの長方形(P34)を再利用できる。

トリミング確認用のフレームをつくる

　Illustratorの場合、トンボだけでは仕上がりイメージ(断裁後の状態)を予想しにくいものです。裁ち落としの有無で、印象はだいぶ変わります。レイヤーを分けてトリミング確認用のフレームをつくっておくと、レイヤーの表示／非表示を切り替えるだけで、仕上がりイメージを確認できます。このフレームは、仕上がりサイズの長方形[11]に太めの[線]を設定し、**[線の位置：線を外側に揃える]**に変更すると、簡単につくれます。本書では便宜上、「**トリミング枠**」と呼びます。

　トリミング枠を目安にデザインし、入稿直前にトリミング枠を基準にトンボを作成する方法もあります[12]。最後に作成するので、作業中に誤ってトンボのパスを改変してしまう、などのミスを回避できます。

★11. 型抜きシールなど、仕上がりの形状が長方形ではない場合は、カットパス(P194参照)を流用する。仕上がりの形状が長方形なら[表示]メニュー→[トリミング表示]を使うこともできるが、不定形の場合もあるため、[線]でトリミングする方法も知っておくとよい。

★12. アピアランスパネルの[アピアランスを消去]で、確実に[塗り：なし][線：なし]に変更してから作成する。

トリミング枠

トリミング枠はあくまで作業を補助するためのオブジェクト。入稿データからは削除する。

描画ツールで折トンボを描く

関連記事｜トンボや折トンボを作成する P192

［直線ツール］や［ペンツール］などの描画ツールで描いたパスを、トンボとして使うこともできます。メニューに用意されていない**折トンボ**は、この方法で作成します。

ツールで冊子の背の折トンボを描く

STEP1. 短い垂直線★13を作成し、［塗り：なし］［線：レジストレーション］［線幅：0.3pt］★14に変更する

STEP2. 垂直線を折位置★15に移動したあと、仕上がりサイズの長方形をキーオブジェクトに設定し、［間隔：3mm］［水平方向に等間隔に分布］で裁ち落としに端点を揃える

STEP3. ［オブジェクト］メニュー→［変形］→［移動］を選択し、背幅ぶんだけ水平方向に移動コピー★16する

STEP4. 仕上がりサイズの［高さ］+垂直線の長さ+裁ち落とし（6mm）で、垂直方向に移動コピーする

★13. 折トンボの一般的な長さは10mm程度。横に折る場合は、水平線を作成する。

★14. ［線］の設定は、既存のトンボに揃えるとよい。ファイルにトンボが存在しない場合は、［オブジェクト］メニューで適当なトンボを作成してそこから設定を抽出する。

★15. 変形パネルの座標で［X］を設定する。位置決めのすべてを変形パネルでおこなってもよい。

★16. 折トンボの移動コピーは［効果］メニュー→［変形］も利用できる。アピアランスならば、折位置の変更にも対応しやすい。ただし、入稿前にアピアランスを分割する必要がある。

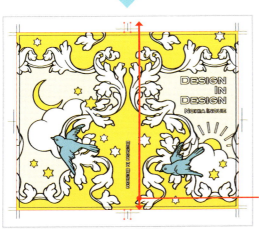

仕上がりサイズの［高さ］+垂直線の長さ+裁ち落とし（6mm）

1-8 PDF書き出し時に追加するトンボ

IllustratorやInDesignでは、PDF書き出し時にトンボが追加できます。トンボの[種類]や[太さ]のほか、裁ち落としの幅も変更できます。トンボの仕様に多少の差異はありますが、指し示す内容は同じです。

PDF書き出し時にトンボを追加する

関連記事｜[トンボと裁ち落とし]でトンボを追加する P154

IllustratorやInDesignで**PDFファイル**を書き出す場合、トンボは設定で追加できます。**[種類]**[★1]や**[太さ]**[★2]を細かく設定できるほか、**裁ち落としの幅**も変更可能です。仕上がりサイズの基準になるのは、Illustratorの場合は**アートボード**、InDesignの場合は**ページ**です。正確な位置にトンボを作成するため、書き出す前に確認しましょう[★3]。

InDesignでPDFファイル書き出し時にトンボを設定する

STEP1. ［ファイル］メニュー→［書き出し］[★4]を選択し、［形式：Adobe PDF（プリント）］を選択する
STEP2. ［Adobe PDFを書き出し］ダイアログで［トンボと裁ち落とし］セクションを選択する
STEP3. ［トンボとページ情報］で必要なトンボにチェックを入れ、［裁ち落としと印刷可能領域］で裁ち落としの幅を設定する

[★1] InDesignでは、［丸付きセンタートンボ］または［丸なしセンタートンボ］を選択すると日本式トンボ、［西洋トンボ］を選択すると西洋式トンボになる。［西洋トンボ］を選択して［外トンボ］にチェックを入れると、西洋式でも二重トンボになる。

[★2] トンボの［線幅］になる。推奨される［線幅］は印刷所によって変わるため、入稿マニュアルで確認する。

[★3] アートボードのサイズは［アートボードツール］をクリックしてコントロールパネル、ページのサイズは［ファイル］メニュー→［ドキュメント設定］を選択してダイアログで確認できる。

[★4] Illustratorの場合は、［ファイル］メニュー→［コピーを保存］を選択し、［ファイル形式：Adobe PDF（pdf）］を選択する。

トンボの仕様について

InDesignで書き出し時に追加した日本式トンボは、内トンボ、外トンボとも長さ10mm[★5]です。センタートンボも10mmと20mmの直線の組み合わせなので、きりのよい長さです。西洋式トンボは、内トンボ15pt、外トンボ18ptで作成されます。

[種類：西洋トンボ]を選択した西洋式トンボの場合、[ドキュメントの裁ち落とし設定を使用]にチェックを入れていても、デフォルトの[オフセット：0mm]のままでは、内トンボは仕上がりサイズにぴったり隣り合う位置に配置されます。これでは、裁ち落としにトンボが食い込んでいる状態になるので、通常は不備として印刷所からリジェクトされます。内トンボを裁ち落としの外側に配置するには、**[オフセット]**[★6]を裁ち落としの幅またはそれより大きい値に設定します。

ファイルで使用する単位を、日本式トンボは**[ミリメートル]**、西洋式トンボは**[ポイント]**または**[ピクセル]**に設定すると、きりのよい値になります。日本式／西洋式とも、**[線：レジストレーション]**、[線幅]は[Adobe PDFを書き出し]ダイアログで指定した**[太さ]**になります。

★5. InDesignでトンボを追加して書き出すと、裁ち落としサイズの天地左右に10mm追加した[サイズ]のPDFファイルになる。

★6. [オフセット]は、内トンボから仕上がりサイズまでの距離を指定する。

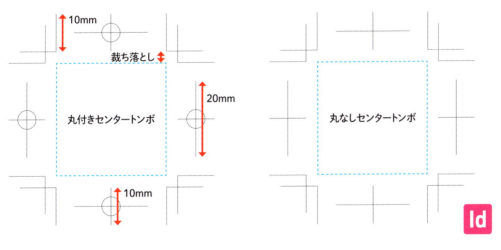

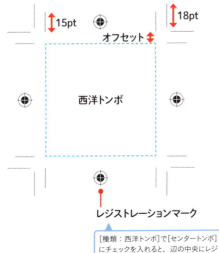

※すべて[内トンボ][外トンボ][センタートンボ]にチェックを入れ、[太さ：0.10mm]で作成。

CHAPTER1 入稿データをつくるための基礎知識

IllustratorでPDF書き出し時に追加するトンボは、InDesignのものとは長さや仕様が異なります。日本式／西洋式とも、角トンボは9.525mm、日本式に追加されるセンタートンボは9.525mmと17.3mmの組み合わせです。また、[Adobe PDFを保存]ダイアログの設定項目も若干異なり、西洋式で外トンボは設定できません。[太さ]の選択肢もInDesignより少なめです[★7]。

[PDF書き出しプリセット（Adobe PDFプリセット）] はAdobeソフト間で共用できますが、同じプリセットを選択しても、トンボの仕様は異なります。ただ、指し示す内容は変わらないため、使用に支障はありません。なお、Photoshopでも同じ[PDF書き出しプリセット]でPDF書き出しが可能[★8]ですが、トンボは追加できません。

[★7]. PDF入稿可能な印刷所では、たいてい入稿マニュアルが用意されているので、それをよく読み、そのとおりに設定する。また、「ジョブオプション」と呼ばれる設定ファイルを配布しているところも多い。ジョブオプションの使いかたについては、P144で解説。

[★8]. 共用できないこともある。

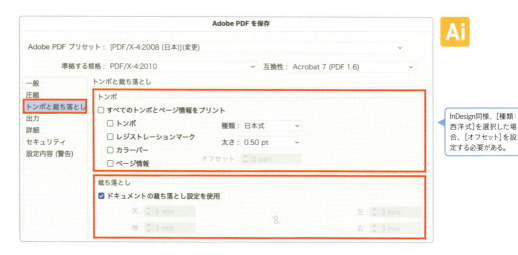

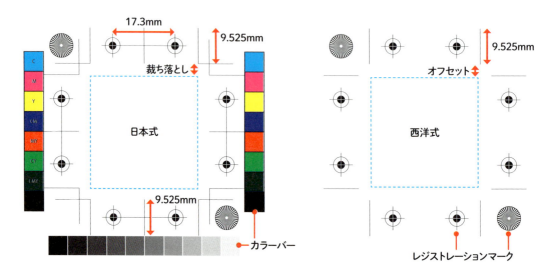

※すべて[トンボ][レジストレーションマーク]にチェックを入れ、[太さ：0.25pt]で作成。[日本式]のみ[カラーバー]を追加した。

※[日本式]の場合、センタートンボを追加するには[レジストレーションマーク]にチェックを入れる必要があるが、その場合、レジストレーションマークも追加されることになる。

[太さ]の選択肢
― 0.125pt
― 0.25pt
― 0.50pt

1-9 トンボを使用しない入稿

トンボを使用せず、裁ち落としサイズのファイルで入稿する方法もあります。代表的なものが、PDF入稿とPhotoshop入稿です。いずれも、均等な裁ち落としが条件です。

トンボのない入稿データ

PDF入稿では、**トンボなしのPDFファイル**（仕上がりサイズの天地左右に、裁ち落としを追加したサイズのPDFファイル）を入稿データとすることがあります。印刷所のジョブオプションを使用して書き出したPDFファイルをAcrobat Proで開いてみると★1、トンボがないこともしばしばあります。

Illustrator入稿に慣れていると、トンボがないファイルを入稿するのは不安に感じるかもしれません。以前はハガキサイズのラスター画像1枚でも、Illustratorでトンボを作成して、そこに配置して入稿するのが一般的でした。最近では、デザインが画像1枚で完結する場合は、裁ち落としサイズの画像のみのPhotoshop入稿★2を推奨する印刷所もあります。**裁ち落としが天地左右に均等に設定**されていれば、仕上がりサイズの中心を特定でき、面付け可能なので、問題ないわけです。

★1. トンボなしで書き出したPDFファイルをIllustratorで開くと、アートボードは裁ち落としサイズになる。

★2. 印刷通販や同人誌印刷所でよく利用される入稿方法。Photoshop入稿については、P175参照。

トンボとアートボードで仕上がりサイズを指定

アートボードのみで仕上がりサイズを指定

※現在のところ、Illustrator入稿については、「アートボードのみで仕上がりサイズを指定」で入稿できるところはあまり見かけない。

Photoshop入稿用のデータ。ファイルの[サイズ]は裁ち落としサイズ。

Illustratorから書き出したPDF入稿用のデータ。Acrobat Proの環境設定の[ページ表示]セクションで[アートサイズ、裁ち落としサイズ、仕上がりサイズを表示]にチェックを入れると、仕上がりサイズが緑色の線で表示される。

トンボにとってかわるIllustratorのアートボード

　PhotoshopやInDesignの場合、描画可能領域は白、それ以外はグレーで表示され、カンバスやページの範囲を明確に区別できるようになっています。そのため、カンバスやページをそのまま仕上がりサイズとすることは、すんなり受け入れられるでしょう。一方、Illustratorの場合[★3]、アートボードという区切りはありますが、作業自体はどこでもできてしまいます。さらに、プリント範囲を操作すればアートボードの外も印刷できてしまうため、アートボード＝仕上がりサイズという感覚は、従来のIllustratorユーザーにはなかなか育ちにくかったのではないかと思われます。

　これには、歴史的な事情もあります。Illustratorのアートボードは、CS3以前は作業エリアの区切り程度の存在で、印刷結果に影響するものではありませんでした。ところが、CS4で廃止されたトリムエリアに代わり、**書き出し範囲の指定**を担うようになったあたりから、俄然重要視されることになります[★4]。現在では、書き出し範囲だけでなく、**仕上がりサイズの指定**に使用したり、**複数アートボード**を利用して、ページもののPDFファイルを作成できるようになりました。

　Illustratorの**メニューや描画ツールを利用して作成したトンボ**[★5]は、単なるパスの集合体（**オブジェクト**）です。そのため、ドキュメントに配置されている他のオブジェクトと、扱いに差はありません。アピアランスで作成していない限り、サイズを間違えて作成してもそれに気づきにくいうえ、位置をずらしたり、色を変えてしまうといった意図しない改変が発生することも考えられます。このような人為的ミスのおそれにより正確さが保証されないトンボより、数値でサイズが確認でき、**機械側で確実に認識できるアートボード**のほうが、仕上がりサイズとしては信用に足るというのは、至極当然の流れです。

　ただし現在のところ、PDF入稿やPhotoshop入稿と異なり、トンボのないIllustratorファイルで入稿できる印刷所はあまり見かけません。理由は、**仕上がりサイズの指定が曖昧**になり[★6]、指定の取り違えや納期遅れの原因になるためです。トンボとアートボードの位置にずれがある場合、トンボを仕上がりサイズの指定とみなす、と明言している印刷所もあります。

★3. Illustratorでも、環境設定の[ユーザーインターフェイス]セクションで[カンバスカラー：明るさの設定に一致させる]に設定すると、アートボードの外側がグレーで表示され、Photoshop等と同じ感覚で作業できる。ただし、裁ち落とし部分もグレーになるため、断裁のずれに備えた図柄の延長を忘れるおそれがある。従来のようにアートボードの外側も白で表示するには、[ホワイト]に設定する。

★4. トリムエリアの廃止は、トンボを作成するメニューにも影響する。P36参照。

★5. ユーザーの作成したトンボは仕上がりサイズの指定として使用し、印刷所で面付け時に付け直すこともある。

★6. トンボとアートボードで二重に指定してあれば、トンボはユーザーの指定（意思）、アートボードは面付け作業時の目安として使用できる。

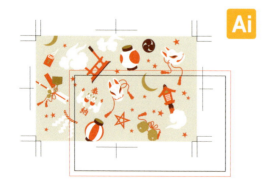

トンボとアートボードの位置にずれがある状態

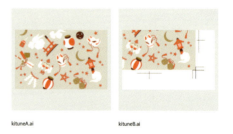

アートボードの位置は、FinderやBridgeのサムネイルにも影響する。サムネイルには、アートボードに付随する裁ち落としまでの範囲が表示される。トンボとアートボードの位置にずれがあると、サムネイルに全体が表示されない。

1-10 文字切れを予防するガイド

仕上がりサイズぎりぎりに文字を配置すると、断裁やカットのずれによって、欠けて読めなくなることがあります。このような「文字切れ」を予防するには、ガイド機能の利用が有効です。

安全圏を意識する

　断裁のずれによって文字が欠けてしまうことを、「**文字切れ**」[★1]と呼びます。仕上がりサイズから余裕を持たせた位置に文字や図柄などを配置すると、文字切れを防げます。一般に、**仕上がりサイズから3mm以上内側**に配置すると安全といわれていますが、断裁やカットの精度、印刷物のサイズ、種類[★2]によっても変わります。

ガイドの活用

　安全圏を確認しながら作業するには、Adobeソフトの**ガイド**機能を利用して、安全圏のガイド(**文字切れガイド**)を作成しておくとよいでしょう。ガイドは印刷には出ないため、入稿前に削除する必要はありません。ガイドを利用して、カットラインや折位置、ミシン目、穴などの**指定**を入れることもあります。

　Adobeソフトの場合、**定規**[★3]を表示すると、そこから**水平・垂直なガイド**をドラッグで引き出せます。Illustratorでは、**パスをガイドに変換**できるため、長方形以外の不定形な仕上がりサイズにも対応できます。P38で裁ち落としサイズの長方形の作成にも使用した[**パスのオフセット**]を併用すると、文字切れガイドの元になるパスを簡単に作成できます。

Illustratorで文字切れガイドを作成する

STEP1. 仕上がりサイズの長方形を選択し、[オブジェクト]メニュー→[パス]→[パスのオフセット]を選択する
STEP2. [パスのオフセット]ダイアログで[オフセット：-4mm]に設定し、[OK]をクリックする
STEP3. [表示]メニュー→[ガイド]→[ガイドを作成]を選択する

★1. 文字切れを演出として使うこともある。その場合は、出力見本や入稿データ仕様書などにその旨を一言添えておいたほうがよい。記載がない場合、印刷所側で文字が切れないように修正することがある。また、版ずれ風の表現など、通常はミスと見なされるような処理を施した場合も、同様にその旨を一言添えておくとよい。

★2. ページ数の多い中綴じ冊子は、小口の断裁にずれが生じるため、冊子の中ほどのページで文字切れが起こりやすくなる。中綴じ冊子で小口側にノンブルなどを配置する場合は注意する。なお、印刷所で、小口の断裁位置に合わせて、ノド側にページを寄せる処理をおこなうことがある。この処理を「クリープ処理」と呼ぶ。

断裁位置

★3. Illustratorは[表示]メニュー→[定規]→[定規を表示]、InDesignは[表示]メニュー→[定規を表示]、Photoshopは[表示]メニュー→[定規]を選択する。いずれにせよ、[表示]メニューを探すとよい。

KEYWORD
文字切れ(もじぎれ)

仕上がりサイズぎりぎりに配置した文字や図柄が、断裁のずれによって欠けてしまうこと。これを防ぐために作成するガイドを、「文字切れガイド」や「セーフティライン」などと呼ぶ。

CHAPTER1 入稿データをつくるための基礎知識

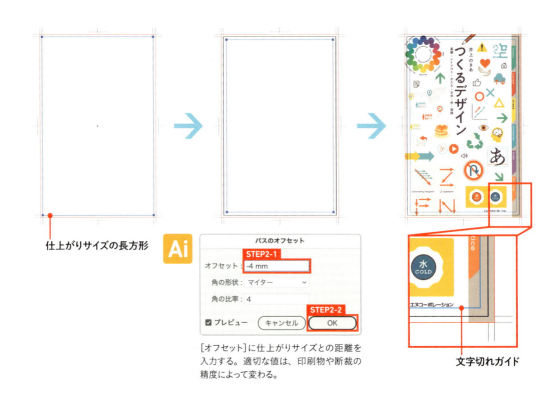

仕上がりサイズの長方形

STEP2-1 オフセット: -4 mm
STEP2-2 OK

[オフセット]に仕上がりサイズとの距離を入力する。適切な値は、印刷物や断裁の精度によって変わる。

文字切れガイド

InDesignやPhotoshopの場合は、Illustratorのようにパスをガイドに変換できません。作成できるのは定規やメニューから作成する**水平・垂直なガイド**のみになります。Photoshopの場合、**ガイドレイアウトの[マージン]**を利用すると、天地左右のガイドを簡単に作成できます。

Photoshopのガイドレイアウトを利用する

STEP1. [表示]メニュー→[ガイド]→[新規ガイドレイアウトを作成]を選択する

STEP2. [新規ガイドレイアウトを作成]ダイアログで[マージン]にチェックを入れ、[上][左][下][右]に同じ値を入力して、[OK]をクリックする

裁ち落としの幅(3mm)+仕上がりサイズとの距離(4mm)を入力する。

作成したガイドは、誤操作で動かないよう、**ロック**しておくことをおすすめします。Illustratorは[表示]メニュー→[ガイド]→[ガイドをロック]、InDesignは[表示]メニュー→[グリッドとガイド]→[ガイドをロック]、Photoshopは[表示]メニュー→[ガイド]→[ガイドをロック]と、いずれも**[表示]メニュー**を探せば見つかります。InDesignの場合、親ページのガイドはページ編集画面では選択できないため、ロックしなくても動きません。

ガイド

CHAPTER 2

入稿データを構成する部品

CHAPTER2 入稿データを構成する部品

2-1 印刷用途で使用できるフォント

入稿データの場合、コンピューターにインストールされているフォントがすべて使えるとは限りません。ただ、PDF入稿や入稿前にアウトライン化する場合は、それほど神経質にならなくてもOKです。

入稿方法で変わるフォントの使用可／不可

　手持ちのフォントが入稿データに使えるかどうかは、入稿方法によって大きく変わります。結論からいうと、**アウトライン化**[★1]したり**ラスタライズ**すれば、どんなフォントも使用できます。そのため、**アウトライン化を前提としたIllustrator入稿**[★2]や、最終的にラスタライズする**Photoshop入稿**の場合は、問題になりません。**PDF入稿**の場合は、PDFに**埋め込む**ことができれば[★3]、使用できます。たいていのフォントは埋め込みできるため、この場合もあまり神経質にならなくてOKです。

　フォントを精査しなければならないのは、**InDesign入稿**や、**アウトライン化しないIllustrator入稿**の場合です。印刷所にないフォントや、添付できないフォントは使用できないため、使用可能な範囲はおのずと狭くなります。とはいえ、この形式での入稿を受け付けている印刷所では、ひととおりのフォントは取り揃えていることが多く、AdobeソフトやOSに付属のフォント、「Morisawa Fonts」や「LETS」シリーズなど印刷用途で開発されたフォント製品については、たいていの印刷所で対応できると思われます。それ以外も使用できることがあるため、入稿する印刷所の入稿マニュアルで確認するか、記載がない場合は問い合わせるとよいでしょう。

★1. まれにアウトライン化できないフォントもあるが、現在広く使用されているフォントの大半はアウトライン化できるため、その前提で解説を進めている。

★2. 印刷通販や同人誌印刷所のIllustrator入稿は、アウトライン化必須であることが多い。

★3. 埋め込みできているかどうかは、Acrobat Proで確認できる。P161参照。

アウトライン化のメリット・デメリット

　入稿データのテキストの処理方法には、それぞれメリット／デメリットがあります。どれも一長一短なので、印刷所の指示や状況に応じて使い分けるとよいでしょう。

	メリット	デメリット	入稿形式
アウトライン化する	・使用の可／不可を気にせず作業できる ・環境に依存せず、確実に出力できるため、納期に影響しにくい	・印刷所で修正できない ・アウトライン化の作業がひと手間必要 ・アウトライン化の前にバックアップを残す必要がある	・アウトライン化するIllustrator入稿
アウトライン化しない（そのまま入稿）	・印刷所で修正できる ・アウトライン化の手間が省ける	・環境に依存するため、トラブルが発生すると納期に影響することがある ・使用できるフォントとできないフォントを区別して使う必要がある	・InDesign入稿 ・アウトライン化しないIllustrator入稿
ファイルに埋め込む	・環境に依存せず、確実に出力できるため、納期に影響しにくい ・アウトライン化の手間が省ける ・書き出し時に自動で埋め込むため、バックアップ不要	・印刷所で修正できない ・埋め込めないフォントは使用できない	・PDF入稿

フォント形式を調べる

　Adobeソフトで[書式]メニュー→[フォント]を選択すると、コンピューターにインストールされているフォントが一覧表示されます。これらのフォントは、そのしくみや構造によって、いくつかの種類に分類されます。この種類のことを「**フォント形式**」と呼び、フォント名の横に表示されるアイコン[★4]で見分けることができます。

★4.　[環境設定]ダイアログの[テキスト]で[フォントメニュー内のフォントプレビューを表示]にチェックが入っていない場合、アイコンが表示されない。

Adobe Fontsはフォント形式ではなく、Adobe Creative Cloudのサブスクリプションサービス。実際のフォント形式はOpenTypeなど。

　使用中のフォントの詳細情報は、InDesignでは**[フォントの検索と置換]ダイアログ**[★5]、Illustratorでは**ドキュメント情報パネル**で調べることができます。フォント形式のほか、フォントファイルの場所などもわかります。

★5.　Illustratorの[フォントの検索と置換]ダイアログには、フォントの詳細情報は表示されない。以前の名称は、[フォント検索]ダイアログ。

InDesignの[フォントの検索と置換]ダイアログで調べる

STEP1.　[書式]メニュー→[フォントの検索と置換]を選択する
STEP2.　ダイアログで[詳細情報]をクリックしたあと、フォント名をクリックする
STEP3.　[情報]で確認したあと、[完了]をクリックしてダイアログを閉じる

デフォルトは[詳細情報]と表示されている。[基本情報]をクリックして[情報]欄を閉じると、表示が戻る。

[タイプ]でフォント形式がわかる。「OpenType CID」は、PostScriptベースのOpenTypeフォントを意味する。「OpenType Type1」は、Type1フォントをOpenTypeフォントに変換したもの。

KEYWORD
フォント形式（けいしき）

別名：フォントフォーマット

フォントの形式の種類。時期によって主流のフォント形式が変わる。

CHAPTER2 入稿データを構成する部品

Illustratorのドキュメント情報パネルで調べる

STEP1. テキストを選択し、[ウィンドウ]メニュー→[ドキュメント情報]を選択する

STEP2. ドキュメント情報パネルのメニューから[フォントの詳細]と[選択内容のみ]を選択して、チェックを入れる

STEP3. ドキュメント情報パネルで確認する

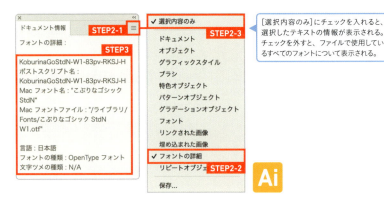

★6．OpenTypeフォントは、InDesign入稿や、テキストをアウトライン化しないIllustrator入稿でも使用できるが、TrueTypeフォントについては、アウトライン化が必要な印刷所もある。

フォント形式の分類

　[書式]メニュー→[フォント]を選択して一覧を眺めると、さまざまな形式のフォントが混在しています。多種多様に見えますが、分類していくとだいたい次のような種類に絞り込めます[★6]。

フォント形式	概要	対応	非対応
OpenTypeフォント OpenType fonts アドビ社とマイクロソフト社	現在、入稿データで安定して使用できるフォント形式。 Mac OSとWindows両方のプラットフォームで同じフォントファイルを使用できる（クロスプラットフォーム）。 精度の高い文字組みが可能。 出力機側にプリンタフォントがなくても、高品質な出力が可能（ダイナミックダウンロード）。	・アウトライン化 ・PDF埋め込み ・文字詰め ・異体字切り替え	
TrueTypeフォント TrueType fonts アップル社とマイクロソフト社	古くからあるフォント形式ながら、現在でも入稿データに使用できる。ただし、なかにはアウトライン化できなかったり、文字化けするため、使用できないものもある。	・アウトライン化 ・PDF埋め込み ・異体字切り替え	・文字詰め

※アドビ社は、2023年にType1フォントのサポートを終了。

> **KEYWORD**
> **アウトラインフォント**
>
> 拡大・縮小しても輪郭が滑らかに保たれる、スケーラブルフォントの一種。文字の輪郭の情報は、PostScriptフォントは3次ベジェ曲線、TrueTypeフォントは2次スプライン曲線で表現される。曲線の自由度が高く、少ないポイントで表現できる3次ベジェ曲線は、2次スプライン曲線よりデータサイズをおさえることができるため、PostScriptフォントのほうが軽い。DTPの普及以前は「ビットマップフォント」が使われていたが、こちらは文字の形状の情報をピクセルの集合体で持つため、拡大すると輪郭が荒れる。

フォント形式の歴史

現在の主流で、入稿データに安定して使えるとされるのは**OpenTypeフォント**ですが、いちばんの理由は、それが最も新しいフォント形式だからです。古いフォント形式は、その不便さや、OSがサポートを打ち切るなどの理由で、だんだんと使われなくなり、淘汰されていきます。歴史的な流れは、実務的には知らなくても支障はありませんが、軽くでも頭に入れておけば、フォント形式の見分けがついて要／不要を判断しやすくなりますし、次に新しい流れが発生しても、柔軟に対応できるようになります。ここでは流れを簡単に説明しますが、急ぐ場合は読み飛ばしていただいてかまいません。

従来の印刷業界標準であった**ページ記述言語PostScript**、および**PostScriptフォント**を開発したのは、**アドビ社**です。それまでのページ記述言語はプリンターのメーカーごとに異なり、プリンターが変わると印刷結果も変わるという事態が発生していました。これに対し、汎用プログラム言語であるPostScriptはデバイスに依存しないため、プリンターが変わっても同じ結果を印刷できます。アドビ社は、PostScriptと**Type1フォント**をセットにしてプリンターのメーカーに供与することで、PostScriptフォントを一気に業界標準まで普及させました。

このアドビ社の市場独占に危機感を感じた**アップル社**が、**マイクロソフト社**の協力のもと、PostScriptに依存しないアウトラインフォントとして開発したのが、**TrueTypeフォント**です。ともに、自社のOS（アップル社はMac OS、マイクロソフト社はWindows）に搭載する標準フォントの開発が目的でした。OSに付属、また商品として販売されたものも比較的リーズナブルであったTrueTypeフォントの登場により、印刷に携わるプロでなくても、滑らかな画面表示と印刷が可能なフォントを使えるようになりました。

これに対抗し、アドビ社は、非PostScriptプリンターでもType1フォントを印刷できるようにした、**ATM（Adobe Type Manager）**[7]を発売しました。競争が激化する中、ATMは結果的に普及し、アドビ社は再び覇権を握ることになります。

★7．非PostScriptプリンターの印刷と画面表示を滑らかにするために、アドビ社が開発した描画技術。ATMとこれに対応したATMフォント（PostScriptフォント）を組み合わせて使う。画面表示用のアウトラインデータを使うことで、非PostScriptプリンターでも綺麗に印刷できる。PostScriptプリンターでは、プリンターにインストールされているフォント、または画面に表示しているフォントを選択して印刷する。

KEYWORD
ポストスクリプト
PostScript

1984年にアドビ社が発表したプログラム言語。プリンターに描画を指示する「ページ記述言語（Page Description Language）」のひとつで、テキストや図形、画像など、ページを構成する要素を取り扱える。汎用プログラム言語のため、デバイスに依存しない（デバイスインディペンデント）という特長がある。

KEYWORD
ポストスクリプトフォント
PostScriptフォント

別名：**PSフォント**

アドビ社が開発した、PostScript形式でエンコーディングされているアウトラインフォント。Type0、Type1、Type2など、Type別にいくつもの種類がある。Type1フォントだけでなく、OCFフォント、CIDフォント、OpenTypeフォントも含まれ、現在の入稿データで使われるフォントの大半がこれに属する。

CHAPTER2 入稿データを構成する部品

　和文フォントにもPostScriptの波はきていましたが、尋常でない文字数がネックでした。最初の日本語PostScriptフォントは、アドビ社からType1フォントのライセンスを供与された**モリサワ社**によって、1989年に発売された「リュウミンL-KL」と「中ゴシックBBB」です。これらには、Type1フォントを複数組み合わせて構成された、**OCFフォント**[8]というフォント形式が採用されています。Type1フォントに収録できる文字数は**256文字**までですが、日本語の場合、**JIS規格**[9]の第1水準(2,965字)、第2水準(3,390字)を含む約7,000字が必要となるため、256文字ではとても足りません。そのため、256文字分ずつに分けてType1フォントに収録し、それを複数組み合わせることで、便宜的にこの問題を解決したというわけです。

　その後、最初から日本語対応を視野に入れ、収録できる文字数を増やして設計されたのが、**CIDフォント**です。CIDは「**Character ID**」の略で、文字ごとに振られる管理用・識別用の番号のことを指します。このフォント形式は、文字の「アウトラインデータファイル」と、文字セットとCIDを結びつける「**CMapファイル**」で構成されています。OCFフォントと比べてシンプルな構成になったことで、異なるエンコーディング環境にも柔軟に対応できるようになりました。また、**異体字切り替え**と**文字詰め情報**による、高度な日本語組版の実現、さらに**文字のアウトライン化**や、1999年には**PDFファイルに埋め込み可能**になったことで、フォントがインストールされていない環境でも表示できるようになり、使用の幅が広がりました。ただ、Windowsでは使用できないという問題はあります。

　このCIDフォントの後継として誕生したのが、現在主流となっている**OpenTypeフォント**[10]です。Mac OSとWindowsの両方で使用でき、CIDフォントの特長を引き継いだうえで、高度な組版機能を備えています。印刷用途での使用に最も適しているフォント形式といえます。

★8. OCFは「Original Composite Format」の略。

★9. 日本産業規格。日本の産業製品に関する規格や測定法などが定められた日本の国家規格。JISは「Japanese Industrial Standards」の略。

★10. フォントのアウトラインデータは、TrueType形式／PostScript形式のいずれか、または両方で収録されている。TrueTypeベースのOpenTypeフォントは2次スプライン曲線、PostScriptベースのOpenTypeフォントは3次ベジェ曲線で描画される。OpenTypeの欧文フォントには、TrueTypeベースのものが多い。

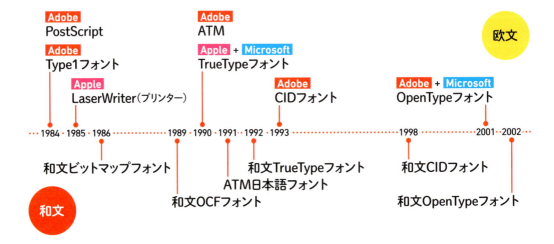

フォントベンダーやサービスによる分類

テキストをアウトライン化しない入稿形式の場合、**フォントベンダー**や**サービス**によって、使用が制限されたり、注意が必要なこともあります[★11]。たとえば、OSのバージョンに依存するOS付属フォントや、バージョンによって差分があるAdobeソフトのバンドルフォントなどを使用する場合は、それによって文字化けが発生したり、文字組みの体裁が変わることがあります。

★11. 頻発する問題は、入稿マニュアルで注意喚起されていることがある。ただ、問い合わせてみると、使用できることもある。

フォント	解説	ネイティブ	PDF
OS付属フォント	OSにプリインストールされているフォント。 Mac OS Xの場合、「ヒラギノ角ゴシック」「ヒラギノ明朝」など。Windowsの場合、「メイリオ」「游ゴシック」など。 OSのバージョンに依存することがあるため、アウトライン化を求められることもある。	△	○
Adobeソフトのバンドルフォント アドビ社	Adobe Creative CloudやAdobe Creative Suiteをはじめとする、Adobeソフトにバンドルされているフォント。「小塚明朝」「小塚ゴシック」など。 小塚フォントは、作業するソフトウエアのバージョンにバンドルされたものを使用することが推奨されている。	○	○
Morisawa Fonts モリサワ社	モリサワ社のライセンス製品。モリサワ社の全フォントに加え、ヒラギノフォント、タイプバンクフォント、欧文フォント、多言語フォントなどを使用できる。 書体が改訂されることがあるため、使用前にアップグレードの適用が推奨されている。	○	○
フォントワークス LETS フォントワークス社	フォントワークス社のライセンス製品。フォントワークス社の全フォントを使用できる。「LETS」とは、フォントワークス社が提供する年間ライセンスのしくみのこと。	○	○
Adobe Fonts アドビ社	Adobe Creative Cloudのサブスクリプションサービス。 パッケージ機能で収集できないため、アウトライン化を求められることがある。使用する場合は印刷所に相談するとよい。 PDF埋め込みは可能なので、PDF入稿での使用は問題ない。	△	○
CC2018対応フォント	CC2018から搭載された「OpenType SVGフォント」や「OpenType 変数フォント」を指す。 OpenType SVGフォントは、ひとつの字形にさまざまな色やグラデーションを指定したり、ひとつまたは複数の字形を使用して特定の合成字形を作成できるフォントで、絵文字フォント「EmojiOne」やカラーフォント「Trajan Color Concept」が相当する。 OpenType 変数フォントは「バリアブルフォント」とも呼ばれ、ひとつのフォントのウェイトや文字幅、傾斜などを細かく調整できる。「VAR」の文字が入ったアイコンや、名称中の「Variable」が目印。 これらCC2018対応フォントの入稿データへの使用は、現在のところあまり推奨されていない（アウトラインフォントの場合は、アウトライン化すればOK）。	△	△
フリーフォント	無償で配布されるフォント。個人やグループ、会社組織など、さまざまなフォントベンダーによって提供されている。仕様の統一や品質の安定がはかれないため、入稿データに使用する場合は、PDF入稿でもアウトライン化を求められることもある。	△	△

※○：使用できる、△：注意が必要。ただし、あてはまらないケースもある。

KEYWORD
フォントベンダー

別名：フォントメーカー、フォント制作会社

フォントを開発・販売しているメーカーのこと。会社組織のほか、フリーフォントなどを提供する個人も含む。

2-2 組版コンポーザーの設定

InDesign形式で入稿する場合、作業の前に済ませておきたいのが、日本語組版コンポーザーの設定です。この設定は、文字の並びや行の折り返し位置、ひいては修正時の効率にも影響します。

組版コンポーザーについて

　組版コンポーザー[1]は、行の文字の配置を調整する機能で、大きく**段落コンポーザー**と**単数行コンポーザー**に分けられます。段落コンポーザーは、**段落単位**で文字がうまくおさまるように調整するのに対し、単数行コンポーザーは**1行単位**で調整します。

　InDesign入稿では、**単数行コンポーザー**の使用が推奨されています。段落コンポーザーの場合、段落単位で文字の配置を調整するため、**変更箇所より前の文字の並び**や、**行の折り返し位置**が変わってしまうことがあります。そのため、変更を加えたら、段落全体の文字の並びをチェックする作業が発生します。InDesign入稿のメリットは、入稿したあとでもちょっとした修正なら印刷所で可能という点にあり、このぎりぎりの修正時にチェック箇所を増やしてしまうのは非効率です。単数行コンポーザーに設定すれば、文字の並びが変わるのは変更箇所よりあとの部分なので、前の部分はチェックせずに済みます[2]。

★1．Adobeソフトの場合、「日本語段落コンポーザー」「日本語単数行コンポーザー」「欧文段落コンポーザー」「多言語対応段落コンポーザー」などの種類がある。

★2．PDF入稿でも、小説などページをまたぐ長文コンテンツを扱う場合は、単数行コンポーザーにしておくと何かと便利。変更を加えても前のページに影響しないため、重版時に修正が発生しても、差し替えるページが最小限で済む。

［Adobe日本語単数行コンポーザー］に設定した場合

［Adobe日本語段落コンポーザー］に設定した場合

「はじめは」の前に「ジョバンニは」を追加しても、前の文字の並びは変化しない。

「はじめは」の前に「ジョバンニは」を追加すると、前の文字の並びまで変わってしまう。

［日本語単数行コンポーザー］に設定する

　組版コンポーザーは、**段落パネル**や**段落スタイル**で設定できます。作業前に**デフォルトを変更**しておくと、以降作成するテキストがこの設定になるため、手間が省けます[★3]。デフォルトを変更するには、ファイルを何も開いていない状態で、**段落パネルのメニュー**から**[Adobe日本語単数行コンポーザー]**を選択します。

　作業途中またはあとから変更する[★4]場合は、テキストを選択して、段落パネルのメニューから[Adobe日本語単数行コンポーザー]を選択します。段落スタイルで変更する場合、**[ジャスティフィケーション]**セクションで**[コンポーザー：Adobe日本語単数行コンポーザー]**に変更します。

★3．InDesignの場合、環境設定でデフォルトを変更できる。[InDesign（編集）]メニュー→[環境設定]→[高度なテキスト]を選択し、[デフォルトのコンポーザー]を[Adobe日本語単数行コンポーザー]に設定する。

★4．組版コンポーザーを変更すると、文字の並びが変わることがある。ほぼ完成していたり、重版時の修正で気づいた場合は、変更しないほうが安全。

★5．Illustratorの[検索と置換]ダイアログで検索対象にできるのは、文字列に限られる。

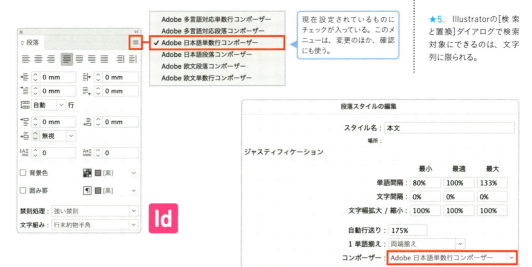

現在設定されているものにチェックが入っている。このメニューは、変更のほか、確認にも使う。

　InDesignの場合、**[検索と置換]ダイアログ**[★5]を利用して変更する方法もあります。このダイアログでは、文字列のほか、フォントサイズや段落スタイルなど、**テキストの属性**も検索対象に設定できます。

InDesignの[検索と置換]ダイアログで変更する

STEP1．［編集］メニュー→［検索と置換］を選択し、［検索と置換］ダイアログの［検索形式］で［検索する属性を指定］をクリックする

STEP2．［検索形式の設定］ダイアログの［ドロップキャップとその他］で［コンポーザー：Adobe日本語段落コンポーザー］に設定して、［OK］をクリックする

STEP3．［置換形式］も［コンポーザー：Adobe日本語単数行コンポーザー］に設定したあと、［すべてを置換］をクリックする

STEP4．［完了］をクリックしてダイアログを閉じる

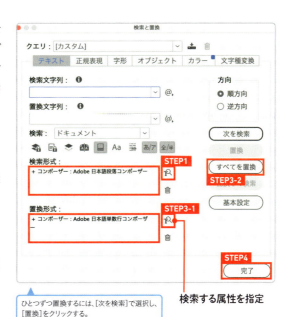

2-3 テキストのアウトライン化

テキストをアウトライン化すると、環境に依存しにくい入稿データになります。ブラシやパターンに含まれるテキストにはなかなか気づきにくいため、アウトライン化が必要な場合は、入念なチェックをおこないます。配置画像や配置ファイルに含まれるテキストにも、気を配りましょう。

テキストをアウトライン化する

テキストを**アウトライン化**[★1]すると、フォントがインストールされていない環境でも意図したとおりの表示になります。Illustrator入稿やInDesign入稿で印刷所にないフォントを使う場合は、必須の作業です。ただし、アウトライン化してしまうと、内容を編集できなくなるため、必ずファイルのバックアップをとってからおこないます。

Illustratorでテキストをアウトライン化する

STEP1. ［オブジェクト］メニュー→［すべてをロック解除］を選択したあと、［選択］メニュー→［すべてを選択］を選択する

STEP2. ［書式］メニュー→［アウトラインを作成］を選択する

アピアランスが適用されたテキストの場合、アウトライン化によって見た目が変わることがあります。さきに**［オブジェクト］メニュー→［アピアランスを分割］**で分割してからアウトライン化すると、比較的崩れにくいです。

★1. Photoshopのテキストは、シェイプレイヤーに変換することでアウトライン化できるが、入稿データの場合、ラスタライズが推奨されている。入稿前に画像の統合またはレイヤーの結合をおこなうと、結果的にラスタライズできる。

テキストの背面に敷いた長方形は、［効果］メニュー→［形状に変換］→［長方形］を［サイズ：値を追加］で適用して作成した。この場合、長方形は文字の仮想ボディを基準に作成される。

［アウトラインを作成］を適用すると、基準がアウトライン化された文字になるため、長方形の大きさが変わる。

［アピアランスを分割］を適用すると、長方形がテキストから切り離される。このあとテキストをアウトライン化すると、見た目を保持できる。

KEYWORD
アウトライン化

別名：図形化、グラフィックス化

テキストをパス（フォントが保持しているアウトラインデータ）に変換すること。アウトライン化すると、内容は編集できなくなる。まれに、アウトライン化できないフォントもある。

アウトライン化済みを確認する

　ファイルにテキストが含まれていないこと（アウトライン化済み）を確認する[★2]には、**ドキュメント情報パネル**や**[フォントの検索と置換]ダイアログ**が便利です。

Illustratorのドキュメント情報パネルで確認する

STEP1. ドキュメント情報パネルのメニューから[フォント]を選択する
STEP2. 同パネルメニューの[選択内容のみ]のチェックを外し、[フォント：なし]になっていることを確認する

Illustratorの[フォントの検索と置換]ダイアログで確認する

STEP1. [書式]メニュー→[フォントの検索と置換]を選択する
STEP2. ダイアログで「ドキュメントフォント：(0)」と表示されていることを確認し、[完了]をクリックしてダイアログを閉じる

★2. 配置画像や配置ファイルにあるテキストまでは確認できない。それらを作成したソフトウエアでそれぞれアウトライン化する。

テキスト残りに気づきにくいもの

　やっかいなのは、**パターン**や**ブラシ**、**シンボル**などにテキストが含まれているケースです。それらに[アウトラインを作成]を適用しても、含まれるテキストをアウトライン化できないため、事前に処理[★3]が必要です。なお、テキストを含むパターンやブラシを設定したオブジェクトが存在しても、ドキュメント情報パネルには表示されません[★4]。テキストを利用してパターンやブラシなどを作成する場合は、事前にアウトライン化する習慣をつけましょう。

★3. [アウトラインを作成]を適用する前に、以下の処理が必要。

分割・拡張	パターン シンボル エンベロープ リピート
アピアランスを分割	ブラシ
グループ解除	グラフ

★4. [フォントの検索と置換]ダイアログには表示されるが、一度でもテキストを含めたパターンやブラシ、シンボルを作成すると、それらを削除してもその情報がいつまでも残ることがあり、こちらもあまりあてにできない。

エンベロープ
オブジェクト

[オブジェクト]メニュー→[エンベロープ]によるテキストの変形の場合、[オブジェクト]を選択すると[アウトラインを作成]が有効になるが、[エンベロープ]が選択されている状態では無効。[オブジェクト]メニュー→[分割・拡張]を適用すれば、テキストのアウトライン化と変形の適用が一括でおこなえる。なお、[効果]メニュー→[ワープ]によるテキストの変形は、[アウトラインを作成]が有効。

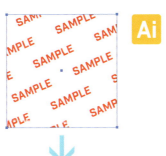

パターンの場合、[オブジェクト]メニュー→[分割・拡張]でパターンを分割・拡張したあと、[アウトラインを作成]でテキストをアウトライン化する。

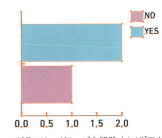

グラフは、グループを解除すれば[アウトラインを作成]が有効になる。

CHAPTER2 入稿データを構成する部品

2-4 配置画像の取り扱いについて

IllustratorやInDesignには、さまざまな画像を配置できますが、入稿データに使用できるファイル形式は限られています。また、[解像度]や[カラーモード]など、気を配るポイントが多数あります。

配置画像について

広義の「画像」には、ピクセルの集合体の**ラスター画像**と、パスで描画された**ベクター画像**の両方が含まれますが[★1]、印刷用途で画像というと、たいていは**ラスター画像**のことを指します。本書でも、画像＝ラスター画像という前提で解説を進めています。

ラスター画像（＝画像）
写真はこちらに属する。ベクター画像でも、ラスタライズしたものはこちらに属する。

ベクター画像（＝ファイル）
パス（ベジェ曲線やスプライン曲線）で描画されたイラストやデザインなど。

★1．Photoshopのシェイプ機能を利用して作成されたデザインや、Illustratorのグラデーションメッシュを駆使した階調表現のあるイラストなどの場合、見た目ではラスター画像とベクター画像の判別はつかないため、ファイル形式（拡張子）で分類する。なお、EPS形式について、本書では、Photoshopで保存したものはラスター画像、Illustratorで保存したものはベクター画像として扱う。

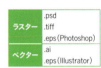

★2．あてはまらないケースもある。印刷所の指示があればそれにしたがう。

★3．ただし、モアレに注意する。

IllustratorやInDesignなどのファイルに配置された画像を、「**配置画像**」と呼びます。配置用の画像を作成する際に気をつけるポイントは、**[カラーモード]**と**[解像度]**、**[サイズ]**、この3つです。

配置画像の**[カラーモード]**は、カラー印刷（CMYK）、特色1色刷りなどの用途に合わせて選択します。**[解像度]**は、[CMYKカラー]や[グレースケール]の場合は原寸で**350ppi**程度、[モノクロ2階調]は原寸で**600ppi**から**1200ppi**程度必要です[★2]。**[サイズ]**は**原寸**で用意するのが望ましいですが、[解像度]がそれぞれこの程度あれば、80%から120%程度の拡大・縮小[★3]には耐えられます。

KEYWORD
配置画像（はいちがぞう）

別名：読み込み画像、貼り込み画像

本書では、IllustratorやInDesignなどのレイアウトソフトに配置されたラスター画像のことを指し、配置されたIllustratorファイルなどのベクター画像は、「配置ファイル」と呼んで区別する。

［カラーモード］の変換に使用する**［イメージ］メニュー→［モード］**で、画像の**ビット数**[★4]も変更できますが、入稿データの場合、現在のところデフォルトの**［8bit／チャンネル］**が最適です。ビット数は、画像を構成する各ピクセルで使用できるカラー情報の量で、ビット数が高いほど使用可能なカラー数が増え、滑らかな画像になります。高ければ高いほどよいように見えますが、［8bit／チャンネル］以外に設定しない[★5]ように気をつけましょう。

［解像度］は、**［画像解像度］ダイアログ**で変更できます。このダイアログは、画像のサイズ変更にも便利です。**内容の拡大・縮小**と、**カンバスサイズの変更**を、一度の操作で済ませることができます。

★4. 画像関連で登場するビット数は、「1bit」「8bit」「16bit」などがある。このうち、入稿データの場合は、1bitと8bitをおぼえておけばよい。1bitはモノクロ2階調（1bit=2の1乗＝2色まで扱える）、8bitはカラーとなる（8bit=2の8乗＝256色まで扱える）。

★5. ［カラーモード：モノクロ2階調］に設定したときのみ、［1bit／チャンネル］に設定される。

Photoshopの［画像解像度］ダイアログで画像サイズを変更する

STEP1. ［イメージ］メニュー→［画像解像度］を選択する
STEP2. ［画像解像度］ダイアログで［幅］を変更し[★6]、［OK］をクリックする

★6. デフォルトの設定が［縦横比を固定］のため、［幅］を入力すると、［高さ］も自動的に設定される。

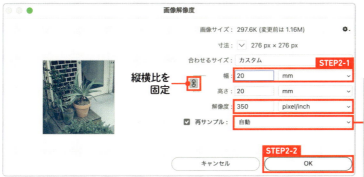

デフォルトの［自動］で最適な設定がなされる。画像にない色が発生するのを防ぐ場合は、［ニアレストネイバー法（ハードな輪郭）］を選択するとよい。

元画像。［幅：40mm（551pixel）］［高さ：40mm（551pixel）］［解像度：350ppi］。

※このページの画像は原寸で配置。

［画像解像度］ダイアログで［幅：20mm］［高さ：20mm］に変更。ピクセルの構成は変更されるが、［解像度］は保持できる。

［画像解像度］ダイアログで［再サンプル］のチェックを外したあと、［幅］または［解像度］を変更すると、ピクセルの構成を変えずにサイズを変更できる。ここでは［解像度：600ppi］に変更して、［幅］［高さ］とも［23.33mm］に縮小した。

［画像解像度］ダイアログで［解像度：72ppi］に変更。［幅］と［高さ］は保持。［解像度］を落としたため、画質が荒くなり、ピクセルが目立つ。

IllustratorやInDesignに配置できるファイル形式

関連記事｜レイアウトファイルに画像やファイルを配置する方法　P68

　配置できる画像のうち、入稿データに使えるのは、基本的に[**カラーモード：CMYKカラー**]**で保存できるファイル形式**[7]です。その中で推奨されているのは、現在のところ、**Photoshop形式**と**TIFF形式**です。

　画像のほか、**Illustrator**ファイルや**PDF**ファイルなども配置できます[8]。InDesignファイルに、紙面のフォーマットデザインをおさめたIllustratorファイルを配置し、Illustratorファイルのほうでデザインを更新する、といった使いかたも可能です。フォーマットデザインに複雑なパスが含まれたり、Illustratorで作成した図を配置する場合などは、パスを直接コピー＆ペーストするより、IllustratorファイルやPDFファイルを配置したほうが、処理が軽くて済みます。

★7．[CMYKカラー]で保存できないPNG形式やGIF形式は、この段階で除外される。JPEG形式は[CMYKカラー]で保存できるが、保存のたびに画質が劣化する。修正の可能性があり、高品質を求められる入稿データには向かないが、印刷通販や同人誌印刷所では、受け付けていることもある。

★8．ファイルの配置については、P72参照。なお、印刷所によっては、PDFファイルの配置を禁止しているところもある。

ファイル形式	拡張子	相性	解説
Photoshop形式	.psd	○	Photoshopの編集機能をすべて保持できる唯一の形式。他のAdobeソフトとの相性もよく、アドビ社は配置画像にこの形式を推奨している。保存の際に画質が劣化しないため、品質も保てる。 ※Photoshopビッグドキュメント形式(.psb)は、Photoshop形式では保存できない、カンバスサイズが巨大なファイルを保存できる。縦横300,000pixelまで保存可能。ただし、入稿データとしては使用できないことがある。この形式は、スマートオブジェクトの内部フォーマットでもある。レイヤーをスマートオブジェクトに変換すると、埋め込み画像として配置される。これをリンク画像に変換すると、この形式で保存することになる。
TIFF形式	.tif .tiff	○	データの再生方式を識別子(タグ)に記録するため、保存の自由度が高く、様々な形式のラスター画像を柔軟に表現できる。ソフトウエアに依存しにくいという特長がある。Photoshopのレイヤーやクリッピングパス、アルファチャンネルも保持できる(ただし、Photoshop以外で開くと統合される)。[カラーモード]は[ダブルトーン][マルチチャンネル]以外は使用できる。 TIFFは「Tagged Image File Format」の略。
JPEG形式	.jpg .jpeg	△	使用できる[カラーモード]は[CMYKカラー][RGBカラー][グレースケール]。透明部分は持たない。保存時の圧縮により画質が劣化するため、入稿データとしては推奨されない。ただ、保存時に画像が統合され、ファイルサイズを節約できるため、出力見本をこの形式で保存することがある。 JPEGは「Joint Photographic Experts Group」の略。
Photoshop EPS形式	.eps	○	ベクター画像とラスター画像の両方を含めることができる。CS2以前の配置画像の主流はこの形式だった。[カラーモード]は[インデックス][マルチチャンネル]以外は使用できる。透明部分を持たない。レイヤーマスクやアルファチャンネルは使用できないが、クリッピングパスは使用できる。 EPSは「Encapsulated PostScript」の略。
DCS1.0形式	.eps	△	EPS形式の一種で、使用できる[カラーモード]は[CMYKカラー]のみ。チャンネルごとにファイルが作成される。印刷するには、PostScriptプリンターが必要。 DCSは「Desktop Color Separations」の略。
DCS2.0形式	.eps	△	EPS形式の一種で、使用できる[カラーモード]は、[CMYKカラー]と[マルチチャンネル]のみ。複数の特色インキもサポートされる(特色インキはIllustratorのスウォッチパネルでは特色として表示される)。6色印刷や8色印刷の入稿データとして使用することもある。
Illustrator形式	.ai	○	Illustratorの編集機能をすべて保持できる唯一の形式。配置時の[読み込みオプション]で範囲を指定できる。
PDF形式	.pdf	○	支給データをそのまま配置できるメリットがある。ただし、配置ファイルとしては使用できない印刷所もある。 PDFは「Portable Document Format」の略。

※○：相性がよい、△：注意が必要。

レイアウト作業をおこなうInDesignファイル。フォーマットデザインは背面に配置したIllustratorファイルにおさめている。右は配置したIllustratorファイルを非表示にしたもの。

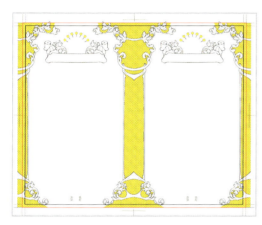

フォーマットデザインをおさめたIllustratorファイル。Illustratorならば複雑なパスやパターンが使用でき、変更を加えれば、InDesignファイル全体に反映されるというメリットがある。配置ファイルに使用したフォントはパッケージ機能で収集できないため、入稿形式によってはテキストをアウトライン化する。配置画像も同様に収集できないため、埋め込み画像で配置する。

配置画像として安定のPhotoshop形式

関連記事｜入稿データをPhotoshop形式で保存する P176

　Adobeソフトを開発したアドビ社が、配置画像のファイル形式として推奨しているのは、**Photoshop形式**[7]です。**Photoshopの編集機能**[10]**をすべて保持でき、画質が劣化しない**のがメリットです。たとえば、調整レイヤーを残した状態で画像を配置しておき、配置後に個別に調整するなどの操作が可能です。

　ただし、Photoshopの編集機能は便利な反面、出力トラブルの原因になることがあるため、PDF書き出し前や、入稿前に**ラスタライズ**することが推奨されています。配置画像の**画像の統合**や**レイヤー結合**を推奨している印刷所は多いですが、その理由は、これらの処理をおこなうことで、結果的に編集機能がラスタライズされるためです。可能な限り、画像は統合、レイヤーは結合またはラスタライズした状態で配置するのが安全でしょう。

★9. Photoshop形式の保存について、詳しくはP175参照。

★10. テキストレイヤーやレイヤー効果、スマートオブジェクト、スマートフィルターなど。

CHAPTER2 入稿データを構成する部品

ひとつの選択肢としてのPhotoshop EPS形式

関連記事｜Photoshop EPS入稿に転用する　P182

　EPS形式のファイル★11は、**PostScriptデータ部分（内容）**と**プレビュー画像**の二重構造になっており、ディスプレイの表示では、プレビュー画像のほうが使用されます。旧バージョンのIllustratorファイルなどに配置すると、画質が劣化したように見えるのはそのためですが、処理が早いというメリットもあります。なお、非PostScriptプリンターで印刷すると、プレビュー画像の画質で印刷されてしまいます。

　プレビュー画像については、保存時の**[EPSオプション]ダイアログ**で設定します★12。このダイアログの**[プレビュー]**は、プレビュー画像の色を設定する項目で、通常は**[TIFF（8bit／pixel）]**★13を選択します。[TIFF（1bit／pixel）]★14を選択すると、モノクロ2階調のプレビュー画像になります。なお、どちらを選んでも**低解像度**になります。

　Photoshopで保存する際、ファイル内にテキストレイヤーやシェイプレイヤーなどがあると、**[ベクトルデータを含める]**にチェックが入った状態になります。そのまま保存するとテキストレイヤーやシェイプレイヤーがパスとして保持されますが、Photoshopの編集機能が残されたわけではありません。このファイルを再度Photoshopで開くと、パスはラスタライズされた状態で表示され、編集できません★15。修正の可能性がある場合は、元のファイルをPhotoshop形式で残しておきましょう。なお、クリッピングパスはベクトルデータに含まれないため、作成しても[ベクトルデータを含める]はグレーアウトしたままです。

★11. EPS形式について、アドビ社は入稿データおよび配置画像としての使用を推奨していない。ただし、Photoshop形式やTIFF形式ではうまく出力できない場合の、ひとつの選択肢ではある。

★12. EPS形式の保存について、詳しくはP180参照。ここではPhotoshopで保存するEPS形式について解説しているが、EPS形式はIllustratorでも保存できる。

★13. Illustratorでは[TIFF（8-bit カラー）]と表示される。

★14. Illustratorでは[TIFF（白黒）]と表示される。

★15. Illustratorで開くとパスを編集できるが、入稿データの場合、基本的には画像を統合するのが望ましい。

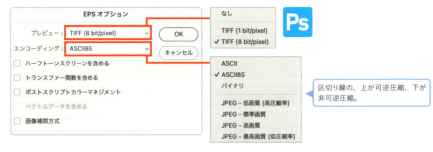

区切り線の、上が可逆圧縮、下が非可逆圧縮。

PostScriptデータ部分（内容）
InDesignの場合、[一般表示]にするとプレビュー画像が、[高画質表示]にすると内容が表示される。Illustratorの場合、最初から内容が表示される。

TIFF（8bit／pixel）のプレビュー画像
カラーのプレビュー画像になる。低解像度のため、ピクセルが目立つ。旧バージョンのIllustratorでEPS画像が荒れるのは、こちらが表示されるため。

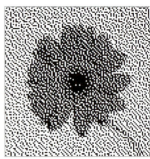

TIFF（1bit／pixel）のプレビュー画像
モノクロ2階調のプレビュー画像になる。

配置画像に着色できるTIFF形式
関連記事｜TIFF画像に着色する P121

　TIFF形式は、入稿データに適した[カラーモード]が使用できる、画質を落とさずに保存できる（あるいは圧縮方式を選択できる）、ソフトウエアに依存しにくいといった特長を持ちます。Photoshop EPS形式と並び、以前から入稿データおよび配置画像によく使われてきたファイル形式です。

　保存時の[TIFFオプション]ダイアログでは、おもに圧縮について設定します。圧縮しない場合は[画像圧縮：なし]、圧縮する場合は、［LZW］［ZIP］［JPEG］のいずれかを選択[★16]します。[LZW]と[ZIP]の場合は可逆圧縮なので、画質が保持されるかわりに、ファイル容量は大きくなります。[JPEG]は非可逆圧縮なので、画質は大なり小なり劣化しますが、ファイルサイズを節約できます。

　[透明部分を保持]は、透明部分[★17]があるときに設定できます。チェックを入れると、他のソフトウエアで開くとき、透明部分を追加のアルファチャンネルとして保持します。画像が複数のレイヤーで構成されている場合、[レイヤーの圧縮]でレイヤーの画像の圧縮方式を選択します。[RLE（高速保存、ファイルサイズ大）][ZIP（低速保存、ファイルサイズ小）]とも可逆圧縮なので、画質は劣化しません。[レイヤーを破棄してコピーを保存]を選択すると、画像が統合されます。

　TIFF形式の特長として、[カラーモード：グレースケール]または[モノクロ2階調]なら、**レイアウトソフト上で色を変更できる**[★18]というものがあります。画像を選択して[塗り]に色を設定すれば、黒の部分がその色になります。

★16. 入稿データの場合は[LZW]が推奨されていることがある。圧縮方式の違いについては、P152参照。

★17. この場合、[不透明度：100%]以外の部分があれば、透明部分が存在すると判定される。「背景」がなくレイヤーのみであっても、それが[不透明度：100%]で塗りつぶされていれば、透明部分は存在しないとみなされる。まれに、透明部分やレイヤー、クリッピングパスのあるTIFF形式を使用できない印刷所があるため、入稿マニュアルで確認する。

★18. 配置画像に特色スウォッチを設定するときにも便利。具体的な手順は、P121で解説。

カラープロファイルの埋め込みについて

　画像保存時のダイアログには、カラープロファイルの埋め込みについて設定する項目があります。[カラープロファイルの埋め込み]（WindowsやIllustratorの場合は[ICCプロファイル]）にチェックを入れると、ファイルにカラープロファイルが埋め込まれます。なお、[カラーモード：RGBカラー]の入稿データの場合は、**必ずカラープロファイルを埋め込んで保存します**[★19]。[CMYKカラー]の場合は印刷所の指示によって変わります。不明な場合、国内用の入稿データについては実際のところ、埋め込みあり／なしのどちらでもかまいません。

★19. RGB入稿可能な印刷所では、[カラーモード：RGBカラー]の画像やファイルも入稿データとして使用できる。この場合、カラープロファイルを必ず埋め込む。RGB入稿については、P178参照。

2-5 画像を切り抜く

画像を切り抜くには、レイヤーのピクセルを削除する、レイヤーマスクやクリッピングパスを作成するなどの方法があります。クリッピングパスによる切り抜きは、他の切り抜き方法と異なり、条件を揃えれば透明の分割・統合の対象から外せるというメリットがあります。

レイヤーの不要なピクセルを透明にする

手軽なのは、「背景」を削除してレイヤーのみにし[★1]、**不要なピクセルを削除**する方法です。見た目と結果が一致するので、処理忘れが発生しにくいというメリットがあります。**レイヤーマスクやベクトルマスク**[★2]を利用して、元画像を損なわずに不要な部分を隠す方法もあります。レイヤーマスクやベクトルマスクについては、濃度を薄める、エッジをぼかすなどの処理も可能なため、クリッピングパスによる切り抜きより、表現の選択肢が多く用意されています。

ただし、[カラーモード:モノクロ2階調]とPhotoshop EPS形式については、透明部分を保持できないため、この方法は使用できません。なお、この方法で切り抜いた画像をIllustratorやInDesignなどに配置した場合は、**透明オブジェクト**として扱われます。

★1. デジタルカメラで撮影した写真など、「背景」のみで構成されている画像の場合、「背景」をレイヤー化する。レイヤーパネルで「背景」をダブルクリックするか、「背景」の鍵アイコンをクリックすると、レイヤー化できる。

★2. ベクトルマスクはクリッピングパス同様、パスで区切ることで確実に表示／非表示のエリアに分けられるというメリットがある。ただ、同じ結果を求めるなら、クリッピングパスで切り抜いたほうが、透明をサポートしない保存形式でも複雑な構造に変更されずに済む可能性がある。

パスパネルでパスを選択し、[レイヤー]メニュー→[ベクトルマスク]→[現在のパス]を選択すると、ベクトルマスクを作成できる。

ベクトルマスク

レイヤーマスクやベクトルマスクを選択すると、プロパティパネルの[濃度]でマスクの不透明度を調整できる。[ぼかし]を[0px]以外に変更すると、エッジをぼかすことができる。

KEYWORD
透明オブジェクト

透明部分を持つオブジェクト。「背景」を持たないレイヤーのみの画像や、「背景」が非表示の画像、切り抜き画像、透明効果を使用した部分、[ラスタライズ]を[背景:透明]で適用した部分などが該当する。

クリッピングパスで切り抜く

　Photoshopの**クリッピングパス**は、**パスパネルのパス**で画像を切り抜く機能です。Photoshop画面では変化はありませんが、IllustratorやInDesignなどに配置すると、切り抜かれた状態になります。また、クリッピングパスの使用／不使用について、配置時の**[読み込みオプション]ダイアログ**[★3]で選択できます。

★3. [読み込みオプション]ダイアログを経由して配置するには、[ファイル]メニュー→[配置]を選択し、[読み込みオプションを表示]にチェックを入れる。クリッピングパスについては、デフォルトで使用する設定になっているため、このダイアログを経由しなくても反映される。

Photoshopでクリッピングパスを作成する

STEP1.　パスパネルでパスを選択する[★4]
STEP2.　パスパネルのメニューから[クリッピングパス]を選択する
STEP3.　[クリッピングパス]ダイアログで[OK]をクリックする

★4. 「作業用パス」はそのままではクリッピングパスに変換できない。その場合は、パスパネルのメニューで[パスを保存]を選択しいったん保存する。

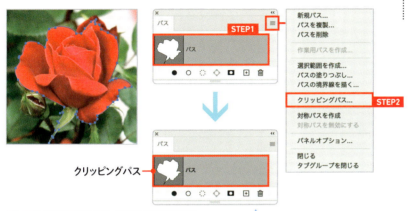

クリッピングパスに指定されたパスは、名前が太字になる。なお、通常のパスに戻す場合は、再度パネルメニューから[クリッピングパス]を選択し、ダイアログで[パス：なし]に変更して[OK]をクリックする。

[平滑度]の値が小さいほど、滑らかな曲線になり、大きいと直線的なカクカクした線になる。入稿データの場合は空欄のままにしておくと、出力時に適切な値が設定される。

　ベクトルマスクでクリッピングパスと同等、さらにプロパティパネルでエッジを調整すれば、それ以上の繊細な切り抜きができてしまううえ、ベクトルマスクはその場で仕上がりも確認できます。クリッピングパスを使うメリットはあまり感じられないかもしれませんが、ひとつの選択肢として頭に入れておくとよいでしょう。クリッピングパスは、**Photoshop形式／Photoshop EPS形式／TIFF形式**[★5]**のいずれでも[カラーモード]を問わず**使用できます。また、レイヤーマスクやベクトルマスクなどと異なり、透明をサポートしない保存形式でも、**透明の分割・統合の対象から外せる可能性がある**[★6]、というメリットがあります。

★5. まれに、クリッピングパス付きのTIFF形式のファイルを入稿データに使用できない印刷所もある。

★6. 切り抜かれるファイルに「背景」がありそれが非表示になっていない、周囲に影響を及ぼす透明オブジェクトがない、などの条件が揃う場合に限る。

KEYWORD
クリッピングパス

別名：切り抜きパス

画像を切り抜くためのパス。パスをクリッピングパスに変換すると、IllustratorやInDesignなどのレイアウトソフト上では、画像が切り抜かれた状態で表示される。

アルファチャンネルで切り抜く

Photoshopの**アルファチャンネル**は、**InDesign**配置時の**［画像読み込みオプション］ダイアログ**[7]で指定すると、切り抜きマスクとして使用できます。アルファチャンネルが使えるのは、**Photoshop形式**と**TIFF形式**です。ただし、いずれも、［カラーモード：モノクロ2階調］ではアルファチャンネルは作成できません。アルファチャンネルによる切り抜きは、**透明オブジェクト**として扱われます。

[7] アルファチャンネルの場合、InDesignの［画像読み込みオプション］ダイアログを経由して指定する必要がある。具体的な手順については、P70参照。なお、Illustratorではアルファチャンネルによる切り抜きは使用できない。

切り抜き用のアルファチャンネルを作成する

STEP1. 切り抜き用の選択範囲を作成し、［選択範囲］メニュー→［選択範囲を保存］を選択する
STEP2. ［選択範囲を保存］ダイアログで［OK］をクリックする

アルファチャンネルを表示すると、切り抜かれる部分が、デフォルトでは赤の塗りつぶしで表示される。

ダイアログの設定はデフォルトでOK。チャンネルパネルのメニューから［新規チャンネル］を選択して作成する方法もあるが、選択範囲の保存を利用すると、アルファチャンネルの作成とマスク範囲の塗りつぶしが、一度の操作で可能。

アルファチャンネルは［ブラシツール］や［消しゴムツール］などで描画できる。黒の部分が切り抜かれる。

← アルファチャンネル

InDesignに配置すると、アルファチャンネルの黒の部分が切り抜かれる。

アルファチャンネルによる切り抜きを反映させるには、InDesignの［画像読み込みオプション］ダイアログの［画像］でアルファチャンネルを選択する。

KEYWORD
アルファチャンネル

チャンネルの一種。［カラーモード：モノクロ2階調］では作成できない。チャンネルパネルのメニューで［新規チャンネル］を選択するか、選択範囲を保存すると作成される。InDesign配置時の［画像読み込みオプション］ダイアログで、切り抜きマスクとして使用するかどうかを選択できる。

レイアウトソフトでクリッピングマスクを使う

レイアウトソフトで、配置画像をパス[8]で切り抜く方法もあります。この機能は「**ク リッピングマスク**」[9]と呼ばれ、Illustrator／InDesignの両方で使用できます。ただし、作成の方法やしくみが異なります。

★8. マスク用のパスは、パスや複合パスのほか、複合シェイプ、グループ、テキストなども使える。アピアランスは無視されるため、[オブジェクト]メニュー→[アピアランスを分割]でパスに反映しておく。

IllustratorでクリッピングマスクをJ作成する

STEP1. マスク用のパスを最前面に配置する
STEP2. パスと画像を選択し、[オブジェクト]メニュー→[クリッピングマスク]→[作成]を選択する

マスク用のパス

グラフィックフレーム

このグラフィックフレームには[線]を設定している。

クリッピングパス

クリッピングマスクを作成すると、マスク用のパスはクリッピングパスになり、設定されていたアピアランスは消去される。

Illustratorでクリッピングマスクを作成すると、マスク用のパスは**クリッピングパス**になります。クリッピングパスに**[線]を設定**し、画像に枠線をつけることもできます[10]。

InDesignに画像を配置すると、自動で画像と同じサイズの**グラフィックフレーム**が追加されます。グラフィックフレームはクリッピングパスと同じ役割を果たします。InDesignの配置画像は、すべてクリッピングマスク作成済みの状態であるといえます。なお、グラフィックフレームにも、[線]を設定できます。

InDesignで、Illustratorのように特定のパスをグラフィックフレームにすることもできます。3通りの方法があり、ひとつはInDesignでパスを選択した状態で[ファイル]メニュー→**[配置]**を選択する方法[11]、もうひとつはデスクトップからパスの内側へ**ドラッグ＆ドロップ**する方法、3つめは切り抜かれる画像を[編集]メニュー→[カット]でクリップボードへ送ったあと、パスを選択して[編集]メニュー→**[選択範囲内へペースト]**でペーストする方法です。3つめの方法は、配置画像のグラフィックフレームを取り替えるときに便利です。

★9. クリッピングマスクによる切り抜きは、画像のほか、オブジェクトにも使用できる。作成方法や構造は異なるが、Photoshopでも作成できる。

★10. この方法は、一部の印刷所では、入稿データには使用できないことがある。

★11. [配置]ダイアログで[選択アイテムの置換]にチェックが入っている必要がある。

KEYWORD

クリッピングマスク

画像やオブジェクトを切り抜くしくみ。Illustratorの場合、クリッピングパスと切り抜かれる画像をまとめて「クリップグループ」または「クリッピングセット」と呼ぶ。クリップグループの最前面のパスがクリッピングパス。パス以外にテキストもマスクにできる。Photoshopの場合、画像もマスクとして使用でき、クリップグループの最背面のレイヤーがマスクとなる。

2-6 画像やファイルを配置する

画像やファイルは、デスクトップからのドラッグ&ドロップでも配置できますが、ダイアログ経由で配置すると、マスク機能のオン/オフや、レイヤーの表示/非表示などを指定できます。作業内容に応じて、使い分けるとよいでしょう。

レイアウトファイルに画像やファイルを配置する方法

関連記事 | IllustratorやInDesignに配置できるファイル形式 P60

IllustratorファイルやInDesignファイル(レイアウトファイル)[★1]に画像[★2]やファイル[★3]を配置する方法は、**デスクトップからのドラッグ&ドロップ**と、**[読み込みオプション]ダイアログ**を経由する方法があります。

デスクトップからのドラッグ&ドロップは、手軽で直感的に配置できる反面、マスク機能のオン/オフなどを切り替えできません。また、この方法で配置した画像やファイルは、すべて**リンク配置**になります。

[読み込みオプション]ダイアログを経由するには、**[ファイル]**メニュー→**[配置]**を選択し、ダイアログで**[読み込みオプションを表示]**にチェックを入れます[★4]。[読み込みオプション]ダイアログでは、クリッピングパスやアルファチャンネルの使用/不使用、レイヤーの統合、トリミング範囲などをコントロールできます。なお、ファイル形式によって、ダイアログの内容が変わることがあります。

[読み込みオプションを表示]にチェックを入れても、ソフトウエアやファイル形式によっては、[読み込みオプション]ダイアログが表示されないこともあります[★5]。その場合は、そのまま次の工程(配置場所の指定)へ移行します。

Illustratorファイルに画像を配置する

Illustratorの場合、[読み込みオプションを表示]にチェックを入れても、必ずしも[読み込みオプション]ダイアログが表示されるとは限りません[★6]。表示されるのは、**レイヤーカンプ**[★7]を持つPhotoshop形式などに限られます。

クリッピングパスのオン/オフは切り替えできず、**つねに適用した状態**で読み込まれます。クリッピングパスを持つ画像を**埋め込み画像**で読み込むと、クリッピングパスと画像が別々に読み込まれ、これらでクリッピングマスクを作成した状態になります。なお、Illustratorでは、アルファチャンネルによる切り抜きは使用できません。

★1. IllustratorファイルやInDesignファイルなど、紙面やページなどのデザイン作業をおこなうファイルを、本書ではまとめて「レイアウトファイル」と呼ぶ。

★2. 入稿データの配置画像に使用できるのは、おもに、Photoshop形式とTIFF形式。

★3. 入稿データの配置ファイルに使用できるのは、おもに、Illustrator形式とPDF形式。

★4. Illustratorの場合、このダイアログでリンク画像/埋め込み画像を選択できる。リンク画像と埋め込み画像については、P76で解説する。

★5. 「背景」のみの画像などは選択肢がないため、表示がスキップされる傾向がある。

★6. Photoshop EPS形式の画像を配置する場合は、表示されない。

★7. レイヤーカンプは、Photoshopの機能。レイヤーの表示/非表示の組み合わせをプリセットとして保存できるが、入稿データでの使用は推奨されないことがある。

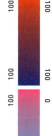

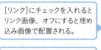

[リンク]にチェックを入れるとリンク画像、オフにすると埋め込み画像で配置される。

[オプション]は、このダイアログのチェック項目の表示／非表示を切り替える。Windowsにはない。

[読み込みオプションを表示]で、[読み込みオプション]ダイアログの表示／非表示を選択する。

Photoshopで作成したレイヤーカンプをすべて選択できる。この機能は入稿データへの使用は推奨されないことがある。

入稿データの場合はこちらが安全。

サンプル画像

サンプル画像は、「背景」、調整レイヤー、テキストレイヤーの3レイヤーと、クリッピングパス、レイヤーカンプで構成されている。

リンク画像で配置するときに選択できる。リンク画像の変更を確実に反映させるには、[Photoshopファイルのレイヤー表示を使用]を選択する。

リンク画像

リンク画像で配置すると、[オプション：複数のレイヤーを1つの画像に統合]の一択になるが、リンク画像に変更が加えられるわけではない。

埋め込み画像
レイヤーをオブジェクトに変換

テキストやシェイプレイヤーのパスなどが分離されて、編集可能な状態で配置される。

埋め込み画像
複数のレイヤーを1つの画像に統合

クリッピングパスは[レイヤーをオブジェクトに変換]と[複数のレイヤーを1つの画像に統合]のどちらを選択しても、パスとして配置される。

CHAPTER2 入稿データを構成する部品

InDesignファイルに画像を配置する

InDesignの**[画像読み込みオプション]ダイアログ**では、Illustratorより細やかな設定がおこなえます。このダイアログは、**Photoshop形式**と**TIFF形式**を配置する場合に表示され、レイヤーカンプの選択以外に、**レイヤーの表示／非表示**を個別に切り替えることも可能です[★8]。また、**アルファチャンネルによる切り抜き**も使用できます[★9]。

Photoshop EPS形式の場合は、**[EPS読み込みオプション]ダイアログ**が表示されます。このダイアログではおもに、**クリッピングパス**の適用について設定します。

なお、InDesignの場合、デスクトップからのドラッグ＆ドロップ、[読み込みオプション]ダイアログのいずれの方法でも、**リンク画像**になります。

★8. 入稿データの場合、画像は統合、またはひとつのレイヤーに結合した状態での配置が推奨されている。レイヤーの表示／非表示の切り替えは可能だが、入稿データへの使用は推奨されないことがある。

★9. ただし、これらの設定項目をすべて使用できるのはPhotoshop形式に限られ、TIFF形式では表示されない項目もある。

Photoshop形式の画像を配置する

この項目の設定はデフォルトでOK。

[Photoshopクリッピングパスを適用]にチェックを入れると、クリッピングパスも一緒に読み込まれ、InDesignで編集できる。なお、InDesignでクリッピングパスを編集した時点で、Photoshopファイルのクリッピングパスは無効になり、Photoshopで元の画像のクリッピングパスに変更を加えても、反映されない。

[ダイレクト選択ツール]でカーソルを重ねると、InDesignに読み込まれたクリッピングパスが表示される。

EPS形式の画像を配置する

埋め込まれたプレビュー画像を使用する場合は[TIFFプレビューを使用]、無視する場合は[PostScriptをラスタライズ]を選択する。印刷結果には影響しないため、どちらを選んでもかまわない。

クリッピングパスを適用：オン

[Photoshopクリッピングパスを適用]にチェックを入れると、クリッピングパスが読み込まれ、InDesignで編集できる。Photoshopで元の画像のクリッピングパスに変更を加えると、リンク画像ごと更新されるかたちで、反映される。

クリッピングパスを適用：オフ

[Photoshopクリッピングパスを適用]をオフにしても、クリッピングパスで切り抜かれた状態で配置される。元の画像のクリッピングパスに加えた変更は、反映される。

Photoshop形式とEPS形式のクリッピングパスの違い

Photoshop形式とEPS形式のクリッピングパスの違いは、リンクパネルのサムネールでわかる。Photoshop形式はクリッピングパスを無効にした状態、EPS形式はクリッピングパスを内包した状態で画像が配置される。それぞれの画像を、InDesignに読み込んだクリッピングパスで切り抜くという構造になっている。

CHAPTER2 入稿データを構成する部品

Illustratorファイルにファイルを配置する

　Illustratorファイルに**Illustrator**ファイルや**PDF**ファイルを配置する場合、最初は**[ファイル]**メニュー→**[配置]**で**[PDFを配置]**ダイアログを経由[★10]したほうが確実です。画像と異なり、**[トリミング]**の選択肢が複数存在するためです。ダイアログで選択した[トリミング]の設定は、このあとドラッグ＆ドロップで配置したファイルにも適用されます。

　配置するファイルがIllustrator形式／PDF形式のいずれでも、同じダイアログ[★11]が表示されます。[トリミング]の選択肢も同じです。選択肢の名称が非常に紛らわしいですが、アートボードでトリミングする**[仕上がり]**と、それに裁ち落としを追加する**[裁ち落とし]**の2種類をおぼえておくとよいでしょう。この2つは、内容の変化がトリミング結果に影響しないため、元のファイルに変更を加えても、レイアウトファイルでの位置ずれなどが発生しません。

★10. [PDFを配置]ダイアログを経由するには、[読み込みオプション]にチェックを入れる。

★11. ダイアログ名でわかるように、IllustratorファイルもPDFファイルとして扱われる。Illustrator 9以降、Illustratorファイルの内部処理はPDFベースになっている。

Illustratorファイルに、Illustratorファイルを配置する

アートボード　裁ち落とし

レイヤーの表示／非表示を切り替えて保存したものを配置すると、トリミング結果が変わることがある。

トリミング範囲が点線で囲まれる。複数アートボードの場合は、アートボードを指定する。

バウンディングボックス	アート	トリミング	仕上がり	裁ち落とし	メディア
下は「背景」レイヤーを非表示で配置したもの。表示されたオブジェクトが境界となる。はみ出しは裁ち落としでトリミングされる。	表示されたオブジェクトが境界となる。はみ出しはアートボードでトリミングされる。	Acrobat Proによって表示・印刷される領域が表示される。Illustratorファイルの場合、[裁ち落とし]と同じになる。	アートボードの内側が表示される。	裁ち落としの内側が表示される。	ファイルに設定された用紙サイズの領域が表示される。Illustratorファイルの場合、[裁ち落とし]と同じになる。

Illustratorファイルに、Illustratorで書き出したPDFファイルを配置する

配置したサンプルは、Illustratorで、PDF書き出し時にトンボなどを追加したもの。書き出し時に追加されたトンボやカラーバーは、オブジェクトとして扱われる。[裁ち落とし]は、アートボードに設定されていたものではなく、書き出し時に設定したものが使用される。

仕上がり
アートボードの内側が表示される。

裁ち落とし
裁ち落としの内側が表示される。

バウンディングボックス
アート／トリミング／メディア
オブジェクト全体が表示される。

Illustratorファイルに、InDesignで印刷可能領域を設定して書き出したPDFファイルを配置する

※[仕上がり]と[裁ち落とし]を選択した結果は、上のサンプルと同じ。

バウンディングボックス
オブジェクト全体が表示される。

アート／トリミング／メディア
PDFファイルの印刷可能領域（P154参照）が表示される。

Illustratorでリンクファイルを埋め込む

関連記事｜リンク画像を埋め込む P77

　Illustratorファイルに配置したIllustratorファイル★12やPDFファイルを埋め込むと、**パス**に分解されます。アピアランスは分割され、リンクファイルに配置された画像はリンク画像／埋め込み画像に関係なく埋め込まれます。クリッピングマスク（クリップグループ）でまとめられているため、［オブジェクト］メニュー→［クリッピングマスク］→［解除］でこれらを解除すると、中のパスを取り出せます。

★12. Illustrator形式の配置ファイルの場合、その中に配置された画像とテキストに注意する。入稿形式によっては、入稿前にリンク画像を埋め込み画像に変換し、テキストはアウトライン化する。

Illustratorファイルを埋め込む
裁ち落としの外にあるオブジェクトのうち、裁ち落としにかかっていたものはファイルに含まれる。クリッピングマスクを解除していくと、表示される。

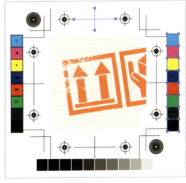

PDFファイルを埋め込む
PDF書き出し時に追加されたトンボやカラーバーなども、パスに分解される。テキストはアウトライン化されずに保持される。

CHAPTER2 入稿データを構成する部品

InDesignファイルにファイルを配置する

　InDesignファイルにファイルを配置する場合も、[トリミング]の選択肢がいくつかありますが、こちらもアートボードでトリミングする**[仕上がり]**★13と、それに裁ち落としを追加する**[裁ち落とし]**をおさえておけばよいでしょう。InDesignの場合、**[PDFを配置]ダイアログでレイヤーの表示／非表示を切り替え**★14できます。なお、Illustratorと異なり、埋め込みファイルに変換しても、パスに分解されません。

★13. 以前の名称は[トンボ]。

★14. PDFファイルについては、切り替えできるのは、レイヤーを保持できるPDF 1.5以降で保存したものに限られる。ただし、この機能は、入稿データへの使用は推奨されないことがある。

InDesignファイルに、Illustratorファイルを配置する

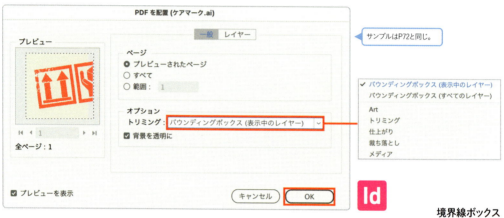

バウンディングボックス（表示中のレイヤー）
下は「背景」レイヤーを非表示で配置したもの。表示中のレイヤーのオブジェクトで境界線ボックスがつくられる。はみ出しは裁ち落としでトリミングされる。

バウンディングボックス（すべてのレイヤー）
レイヤーの表示／非表示に関係なく、ファイルに含まれるオブジェクトで境界線ボックスがつくられる。はみ出しは裁ち落としでトリミングされる。

Art
表示中のレイヤーのオブジェクトで境界線ボックスがつくられる。はみ出しはアートボードでトリミングされる。

仕上がり
アートボードの内側が表示される。

トリミング／裁ち落とし／メディア
裁ち落としの内側が表示される。

InDesignファイルに、InDesignで印刷可能領域を設定して書き出したPDFファイルを配置する

書き出し元のInDesignファイルの状態。裁ち落とし（赤枠）の外側に、印刷可能領域（水色枠）が設定されている。読み込みに使用したサンプルは、PDF書き出し時に、［印刷可能領域を含む］にチェックを入れて書き出したもの。

印刷可能領域

［トリミング］の選択肢は、Illustratorファイルを配置するときと同じ。

［InDesignでのレイヤー表示を有効］は配置時のレイヤー表示を保持する。PDFファイルに加えた変更を確実に反映させるなら、［PDFレイヤーの表示を有効］を選択する。

すべてのレイヤーを表示した状態で、［バウンディングボックス（すべてのレイヤー）］で配置したもの。［バウンディングボックス（表示中のレイヤー）］でも同じ結果になる。

仕上がり　**裁ち落とし**
ページの内側が表示される。　裁ち落としの内側が表示される。

バウンディングボックス（表示中のレイヤー）
表示中のレイヤーのオブジェクトで境界線ボックスがつくられ、その内側が表示される。

バウンディングボックス（すべてのレイヤー）
ファイルに含まれるすべてのオブジェクトで境界線ボックスがつくられ、その内側が表示される。

トリミング／メディア
印刷可能領域の内側が表示される。

2-7 リンク画像と埋め込み画像

配置画像には、リンク画像と埋め込み画像の2種類があります。入稿データの構成にも関係するため、それぞれの特徴をきちんと区別して使う必要があります。

リンク画像と埋め込み画像の違い

配置画像[★1]は、**リンク画像**と**埋め込み画像**の2種類に分かれます。**リンク画像**は、ファイルの外部にある画像を参照するもので、元画像に変更を加えると、配置画像も更新されます。ただ、ネイティブ入稿の際は漏らさず添付する必要があり、数が多いと管理が大変です。一方、**埋め込み画像**はファイルの内部に画像を埋め込む方式で、元画像とは完全に切り離されます。元画像に変更を加えても、配置画像には反映されませんが、配置画像をすべて埋め込めば、ファイルひとつで入稿できる、という手軽さがあります。

それぞれにメリット／デメリット[★2]があり、印刷所の指定もまちまちなので、入稿マニュアルで確認するとよいでしょう。

[★1] 配置ファイルにも「リンクファイル」と「埋め込みファイル」の2種類があるが、ここでは画像に絞り込んで解説する。

[★2] Illustrator入稿に限ったメリット。PDF入稿の場合は書き出し時に自動で埋め込まれ、InDesign入稿の場合はリンク画像を添付するため、埋め込み画像を使う機会はあまりないと思われる。

	リンク画像	埋め込み画像
元画像に加えた変更	反映される	反映されない
印刷所での色調補正	可能	不可能
リンク切れのおそれ	あり	なし
ファイルサイズ	小	大

Illustratorのリンクパネル。「見つからないリンク」は場所が変更されたリンク画像、「修正されたリンク」は元画像に変更が加えられたため、差分があることを示す。

KEYWORD　リンク画像（がぞう）
ファイルにリンクで配置された画像。リンクは絶対パスなので、作業しているコンピューターの外に移動するとリンク切れを起こす。配置したファイルと同じ階層に置くとリンク切れを回避できる。ファイルサイズを節約できる、印刷所で画像ごとに色調補正できるなどのメリットがあるが、添付漏れに注意。

KEYWORD　埋め込み画像（うめこみがぞう）
ファイルに埋め込まれた配置画像。ファイルひとつで入稿できるという手軽さはあるが、配置画像のぶんだけファイルサイズがかさばり、印刷所で画像ごとに色調補正できないというデメリットがある。

リンク画像を埋め込む

リンク画像の埋め込みは、Illustrator／InDesignとも、**リンクパネル**でおこないます。Illustratorの場合、**コントロールパネル**の**[埋め込み]**のクリックでも埋め込めます。

★3．リンク画像のあるレイヤーがロックされていると、変更を加えることができない。

★4．複数選択も可能だが、ひとつずつ選択して埋め込んだほうが安全。複数を同時に埋め込むと、サイズや位置などが変わることがある。

Illustratorでリンク画像（Photoshop形式）を埋め込む

STEP1． リンク画像のあるレイヤーのロックを解除[★3]したあと、リンクパネルで画像を選択[★4]する
STEP2． パネルメニューから[画像を埋め込み]を選択する
STEP3． [Photoshop読み込みオプション]ダイアログで[複数のレイヤーを1つの画像に統合]を選択し、[OK]をクリックする

埋め込み画像に変更すると、プレビューから対角線が消え、リンク画像のアイコンが消える。

リンク画像を埋め込んだ場合のみ。[ファイル]メニュー→[埋め込みを配置]で配置すると、ピクセルレイヤーになる。

Photoshopのリンク画像

現在のところ、リンク画像を持つPhotoshopファイルは、入稿データや配置画像として使用できません。入稿前に画像を統合します。

Photoshopのリンク画像と埋め込み画像は、**スマートオブジェクト**の一種です。レイヤーパネルのアイコンか、プロパティパネルの表示で区別できます。**「リンクされたスマートオブジェクト」**はリンク画像、**「埋め込みスマートオブジェクト」**は埋め込み画像を意味します。このパネル下段の**[埋め込み]**または**[リンクされたアイテムに変換]**で切り替えも可能です。

配置画像の情報を見る

配置画像の情報は、IllustratorやInDesignの**リンクパネル**のリストで画像を選択すると確認できます。このほかIllustratorでは、**ドキュメント情報パネル**のメニューで[**リンクされた画像**]や[**埋め込まれた画像**]をそれぞれ選択すると、該当する画像の情報がまとめて表示されます。

リンク画像の階層とファイル名

関連記事 | パッケージ機能で収集する P168

リンク画像で入稿する場合、**階層**と**ファイル名**[★5]に気をつける必要があります。結論からいうと、**リンク画像はレイアウトファイルと同じ階層**に置き、**ファイル名は重複しない**ように命名します。

リンク画像とレイアウトファイルをつなぐものは、**絶対パス**です。絶対パスは「フルパス」とも呼ばれ、ファイルの場所を、それが存在するコンピューターの名前も含めて記録します。そのため、他のコンピューターにファイルを移動しただけでファイルの場所がわからなくなり、リンク切れを起こすことがあります。

リンク切れを回避する方法として、レイアウトファイルと同じ階層に置くという方法があります。リンク切れを起こしやすい例として、レイアウトファイルと同じ階層にフォルダーをつくって中にリンク画像を入れ、入稿のためにデータをコンピューターの外に移すケースなどが考えられます。その場合でも、リンク画像をフォルダーの外に出してレイアウトファイルと同じ階層に置くと、リンクが復活します。印刷所ではこの方法でリンクを復活させることがありますが、そのときに**同名のファイルがあると、上書きされるか片方の名前が自動修正されて**、意図した結果になりません。作業の効率化のために、リンク画像を複数のフォルダーに分けている場合は、ファイル名が重複しないように気をつけましょう。

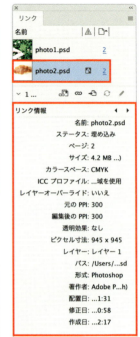

★5. ファイル名の先頭に半角の括弧「(」を使うとリンク切れ表示になるため、使用しない。

同名ファイルによるパッケージ時のファイル名変更例

フォルダー「img_A」と「img_B」に、同名のファイルが存在する状態を想定する。

パッケージ機能で収集すると、同名ファイルのうち、片方の名前が変更される。

パッケージ機能[★6]を使う場合も、リンク画像はひとつのフォルダーに集められます。**ファイル名をすべて異なる名前にしておく**と、パッケージ時のトラブル[★7]も回避できます。大量のファイル名をまとめて変更するには、**Bridge**が便利です。

★6. 左ページ下の図を参照。パッケージ機能については、P168参照。

★7. ファイルの上書き、ファイル名の変更など。

★8. [初期設定]は文字列を追加するプリセット。

Bridgeで名前の先頭に文字列「imgA_」を一括で追加する

STEP1. Bridgeで名前を変更するファイルをすべて選択し、[ツール]メニュー→[ファイル名をバッチで変更]を選択する

STEP2. [ファイル名をバッチで変更]ダイアログで[プリセット：初期設定][★8]となっていることを確認し、[新しいファイル名]で[テキスト：imgA_][現在のファイル名：名前]に設定する

STEP3. [プレビュー]で確認したあと、[名前の変更]をクリックする

選択した4つのファイル名の先頭に、「imgA_」が追加される。

2-8 透明の分割・統合

レイヤーマスクによる切り抜き画像や[ドロップシャドウ]などの透明効果はとても便利ですが、入稿データに使用する場合は、少し注意が必要です。書き出しや保存時に、分割・統合されるおそれも考慮して、作業するとよいでしょう。

透明オブジェクトに注意する理由

Illustrator 9およびInDesign 2から**透明の概念**が導入され、レイヤーマスクで切り抜いた画像の配置や、[描画モード]を使用した透明感のある表現などが可能になりました[★1]。このような透明を使用したオブジェクトを、「**透明オブジェクト**」と呼びます。

便利な透明オブジェクトですが、入稿データで無計画に使用すると、意図しない結果や、出力トラブルの原因になることがあります。これは、「透明」というのが、ページ記述言語PostScriptおよび印刷の世界には、もともと存在しなかった概念であるためです。その世界では、透明を使用した入稿データはそのままでは印刷できないため、特別な処理を施す必要があります。その処理が、「**透明の分割・統合**」です。

透明といっても、最終的には、何らかの色が設定されたピクセルの集合体と考えることができます。透明の分割・統合は、このような考えに基づき、透明オブジェクトおよびそれらが影響する部分を色や画像ごとに**分割**し、複雑な合成がおこなわれている部分は**ラスタライズ**する処理です。これによりすべてが[**不透明度:100%**]のオブジェクトに変換されるため、印刷が可能になりますが、ファイルの構造は複雑になり、それによって発生する問題もあります。「PDF／X-1a」やEPS形式など、**透明をサポートしない保存形式**で入稿する場合は、この処理が必要となります。

ただ、**バージョン9以降のIllustrator形式**で保存すれば透明オブジェクトは保持できますし、**透明をサポートするPDFの規格やバージョン**も存在するため、透明オブジェクトを保持して入稿することも可能です。ただし、受付可能な印刷所が限られていたり、入稿後の処理で結局のところ分割・統合されることもあります。透明の分割・統合のメカニズムについては、ひととおり頭に入れておいたほうがよいでしょう。

[★1]. アドビ社が開発したファイル形式PDFは、透明の概念を持つ。Illustrator 9で透明オブジェクトが使用できるようになったのは、このバージョンから内部処理がPDFベースに変わったため。なおIllustratorの場合、Illustrator 9以降の形式で保存すれば、透明オブジェクトは保持できる。

透明効果を使用した例。背景の虹は、円形グラデーションを[描画モード:ハードライト]、光の粒は小さな円を[オーバーレイ]で重ねて合成。

> **KEYWORD**
> とうめいこうか
> **透明効果**
>
> [描画モード]による合成や、[ドロップシャドウ]など、背面のオブジェクトや背景と合成することで可能になる、表現やその指定。入稿データの場合、IllustratorやInDesignの処理を指し、Photoshopの[描画モード]やレイヤー効果などは含めない。

透明の分割・統合の実際

透明をサポートしない形式[★2]で書き出しや保存をおこなうと、透明オブジェクトおよびそれらが影響する部分は、**[不透明度：100%]の画像やパスに分割・統合**されます。設定によっては見た目や特色スウォッチは保持されるものの、下図のようにファイルの構造は複雑になります。

★2. 透明をサポートしないPDFの規格は「X-1a」と「X-3」、PDFのバージョンはPDF1.3。Illustratorで保存する場合、8以前のIllustrator形式や、EPS形式では透明はサポートされず、分割・統合される。

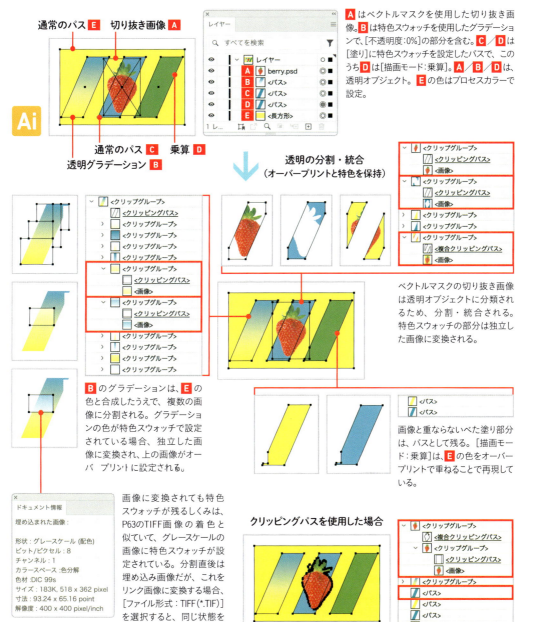

[A]はベクトルマスクを使用した切り抜き画像。[B]は特色スウォッチを使用したグラデーションで、[不透明度：0%]の部分を含む。[C]/[D]は[塗り]に特色スウォッチを設定したパスで、このうち[D]は[描画モード：乗算]。[A]/[B]/[D]は、透明オブジェクト。[E]の色はプロセスカラーで設定。

ベクトルマスクの切り抜き画像は透明オブジェクトに分類されるため、分割・統合される。特色スウォッチの部分は独立した画像に変換される。

[B]のグラデーションは、[E]の色と合成したうえで、複数の画像に分割される。グラデーションの色が特色スウォッチで設定されている場合、独立した画像に変換され、上の画像がオーバープリントに設定される。

画像と重ならないべた塗り部分は、パスとして残る。[描画モード：乗算]は、[E]の色をオーバープリントで重ねることで再現している。

画像に変換されても特色スウォッチが残るしくみは、P63のTIFF画像の着色と似ていて、グレースケールの画像に特色スウォッチが設定されている。分割直後は埋め込み画像だが、これをリンク画像に変換する場合、[ファイル形式：TIFF(*.TIF)]を選択すると、同じ状態を保持できることがある。

「背景」を持つ画像をクリッピングパスで切り抜けば、透明の分割・統合の対象から外せることがある。このサンプルの場合、[A]をクリッピングパスによる「背景」の切り抜きに変更すると、背面の[C]によって分割されずに済んでいる。

※サンプルでは特色スウォッチを使用しているが、透明オブジェクトとの併用には注意が必要。誤って混入させてしまうこともあるため、よく点検すること。

透明の分割・統合に起因する問題

関連記事｜RIP処理時の自動墨ノセについて P94

関連記事｜［詳細］でフォントと透明関連を設定する P157

透明の分割・統合で起こりうる問題には、大きく分けて3つあります。**印刷に不適切な[解像度]でのラスタライズ**、RIP処理時の**自動墨ノセで発生する色の境界**、意図しない**白スジ（ストリーク）**の発生です。

このうち、[解像度]については、**PDF書き出しおよびIllustrator EPS保存**時に気をつけることで回避できます。基本的に、**[プリセット：[高解像度]]** に設定[★3]すれば、印刷に適した[解像度]でラスタライズされます。詳しくは、PDF書き出しについてはP157、Illustrator EPS保存についてはP180を参照してください。

★3. [透明の分割・統合プリセット]のデフォルトに用意されている。

IllustratorのPDF書き出しの場合、[Adobe PDFを保存]ダイアログの[詳細設定]セクションで設定する。

自動墨ノセは、印刷所での**RIP処理**時に、**[K：100%]**[★4]**のオブジェクトをオーバープリント（ノセ）に設定する処理**です。この処理は、パスやテキストに対しては適用されますが、**画像は対象外**です。透明をサポートしない形式で書き出しや保存をおこない、オブジェクトがパスと画像に分割・統合された状態で入稿したあと、自動墨ノセが適用されると[★5]、パスにはオーバープリントが設定されるが、画像には設定されない、という状況が発生します。それでも、背景が白なら問題は起きませんが、背景が白ではない場合、P95のように、パスと画像の境界がくっきり分かれることがあります。

これを回避する方法としては、ソフトウエアであらかじめ[K：100%]のオブジェクトをオーバープリントに設定しておく[★6]、[K：99%]に変更して自動墨ノセの対象外にする、などの方法があります。オーバープリントについてはP88、自動墨ノセについてはP94で詳しく解説していますので、ここでは割愛します。

★4. 具体的には、[C:0%／M：0%／Y：0%／K：100%]。

★5. [K：100%]のオブジェクトが存在しなかったり、適用されなければ問題は起きないが、現在のところ自動墨ノセを適用する印刷所は多く、想定はしておいたほうがよい。

★6. ソフトウエアでオーバープリントに設定してからPDF書き出しをおこなえば、画像に変換される部分も背景色を合成した色になる。

KEYWORD

ラスタライズ

別名：ラスター化、ビットマップ化

ピクセルの集合体、すなわちラスター画像に変換すること。[解像度]によって画質が大きく変わる。[解像度]は、Illustratorで[オブジェクト]メニュー→[ラスタライズ]を選択したときなど、変換時や保存時に指定できることもあるが、ファイルに設定した[解像度]が自動で適用されることもあり、作業前に確認が必要（P24参照）。

KEYWORD

RIP
リップ
Raster Image Processor

別名：ラスターイメージプロセッサー、ラスター画像化処理システム

入稿データ（ベクター形式）を印刷用の出力機が読み取れるラスター形式に変換すること。

白スジが発生する原因

　透明をサポートしない保存形式で書き出しや保存をおこなった入稿データを開いてみると、図柄の途中など意図しない場所に、**極細の白い線**（**白スジ**）が見えることがあります。この白スジの原因は、分割されたオブジェクトのエッジに生成される**補間用のピクセル**です。パスやテキスト、その他配置画像などのオブジェクトは、ディスプレイにはラスタライズされた状態で表示されます。この際、オブジェクトが背景に滑らかに溶け込むよう、オブジェクトのエッジに補間用のピクセルが自動で追加されます[★7]。この処理を、「**アンチエイリアス**」と呼びます。

　補間用のピクセルは、オブジェクトや背景の色が淡い場合はあまり気になりませんが、濃い色が関係すると、とたんに目に付きます[★8]。ただこの段階では画面表示用のピクセルなので、印刷結果には影響しません。ポイントは、白スジが発生した場所には、印刷所でのラスタライズ、すなわちRIP処理でも白スジが発生するおそれがあるということです。入稿データは、そのままの状態では印刷できません。出力機が理解できるのはラスター形式に限られますが、入稿データはベクター形式です。そのため、**ベクター形式をラスター形式に変換する処理**（**ラスタライズ**）が必要となります。この処理が「**RIP処理**」です。

　実際には、表示倍率を変えれば消えるようなものはまず印刷に出ませんが、気になるようなら、出力見本にその旨を書き添えておくとよいでしょう。ただ、拡大表示していくとどんどん太くなるものであれば、オブジェクト自体の位置がずれている可能性もあります。

★7．アンチエイリアスオフ（補間用のピクセルが発生しない表示）に切り替えると、白スジがオブジェクトの位置のずれに由来するものか、補間用のピクセルであるかをチェックできる。切り替えは[環境設定]ダイアログで可能。Illustratorは[一般]セクションで[アートワークのアンチエイリアス]、InDesignは[表示画質]セクションで[アンチエイリアスを使用可能にする]、Acrobat Proは[ページ表示]セクションで[ラインアートのスムージング]のチェックをそれぞれ外す。

★8．補間用のピクセルは、不透明な白背景を前提として、オブジェクトの色から生成される。[不透明度]を落とすことで周囲となじませるしくみだが、背面に暗い色がある場合、[不透明度]が低くなると、逆に白浮きすることがある。

100%　25%

Illustratorのパターンの途中に発生する白スジも、補間用のピクセルが原因。複雑なパターンは入稿の際にラスタライズを求められることがあるが、ラスタライズ結果に白スジが入っていると、[解像度]が低い場合、印刷に出ることがある。ラスタライズの際に[アンチエイリアス：アートに最適（スーパーサンプリング）]を選択すると、白スジを発生させずにラスタライズできることがある。それでも入る場合は、[アンチエイリアス：なし]に設定して、本来より高めの[解像度]でラスタライズするという解決策も考えられる。

KEYWORD
白スジ（しろスジ）

別名：ストリーク、極細の白い線

複数の画像に分割されたオブジェクトや、Illustratorのパターンの途中に表示される、意図しない極細の白い線のこと。ラスタライズ処理が原因で起こるため、ディスプレイの表示や家庭用プリンターでの印刷、印刷所でのRIP処理などで発生するおそれがある。

KEYWORD
アンチエイリアス

別名：スムージング

オブジェクトのエッジが滑らかに見えるように、コンピューター側でエッジに補間用のピクセルを追加すること。Illustratorの画面の補間用のピクセルはあくまで画面表示用のもので、[環境設定]ダイアログでアンチエイリアスをオフにすると消える。なお、ラスタライズ時のアンチエイリアス処理は、実際にピクセルを追加するため、表示／非表示の切り替えでは消えない。

透明オブジェクトに該当するもの

透明オブジェクトに該当するものは、**透明部分を持つ配置画像**[★9]のほか、[乗算]など**背景との合成**がおこなわれる[描画モード]に設定したオブジェクトや、[ドロップシャドウ]や[ぼかし]などで生成された**半透明のピクセル**などです。Illustratorの場合、**レイヤーにも透明効果を適用できるため**[★10]、その可能性も頭に入れておきましょう。以下は、透明オブジェクトに該当する代表的なもののリストです。

Illustrator
- [効果]メニュー→[SVGフィルター]を適用したオブジェクト
- [効果]メニュー→[スタイライズ]の[ぼかし][ドロップシャドウ][光彩(内側)][光彩(外側)]を適用したオブジェクト
- [効果]メニューや[オブジェクト]メニューの[ラスタライズ]を[背景:透明]で適用したオブジェクト[★11]
- [描画モード]を[通常]以外に設定したオブジェクト
- [不透明度]を[100%]以外に設定したオブジェクト
- 不透明マスクを使用したオブジェクト
- 透明部分を含むグラデーション
- 透明部分を含む配置画像

InDesign
- [オブジェクト]メニュー→[効果]の[ドロップシャドウ][シャドウ(内側)][光彩(外側)][光彩(内側)][ベベルとエンボス][サテン][基本のぼかし][方向性のぼかし][グラデーションぼかし]を適用したオブジェクト
- [描画モード]を[通常]以外に設定したオブジェクト
- [不透明度]を[100%]以外に設定したオブジェクト
- 透明部分を含む配置画像

★9. 切り抜き画像や、「背景」を持たないレイヤーのみの画像、または「背景」を非表示にした画像など。

★10. レイヤーに適用された透明効果も、透明をサポートしない保存形式では分割・統合される。

★11. [効果]メニューの[Photoshop効果]は、パスなどにそのまま適用すると透明オブジェクトになるが、[効果]メニュー→[ラスタライズ]を[背景:ホワイト]で適用したあと適用すると、透明オブジェクトではなくなる。

光彩(外側)
描画モード:スクリーン
不透明度:50%

描画モード:ソフトライト

描画モード:焼き込みカラー

透明部分を含むグラデーション
描画モード:ハードライト
不透明度:40%

KEYWORD

分割・統合プレビューパネル(Illustrator)
ぶんかつ・とうごう

別名:透明の分割・統合パネル(InDesign)

透明の分割・統合の設定や、該当箇所を確認するためのパネル。IllustratorとInDesignにある。Acrobat Proの場合は、同じ機能を持つダイアログがある。[透明の分割・統合プリセット]の設定を編集・保存することも可能。

影響を受ける範囲を確認する

影響を受ける範囲[★12]は、**分割・統合プレビューパネル**[★13]で事前に確認できます。また、透明オブジェクトに含まれないものの、分割・統合の対象になるオブジェクトもあります。たとえば、複雑すぎるパスやパターンなどです。これらもこのパネルで影響を確認できます。

★12. 透明オブジェクトを下位レイヤーに配置すると、影響が最小限におさえられる。

★13. Illustratorのパネルの名称。InDesignでは透明の分割・統合パネル、Acrobat Proでは[すべてのツール]→[印刷工程を使用]→[分割・統合プレビュー]で開くダイアログで確認できる。

Illustratorの分割・統合プレビューパネルで確認する

STEP1. 分割・統合プレビューパネルで[プリセット：[高解像度]]に設定し、[更新]をクリックする
STEP2. [ハイライト]で条件を選択する

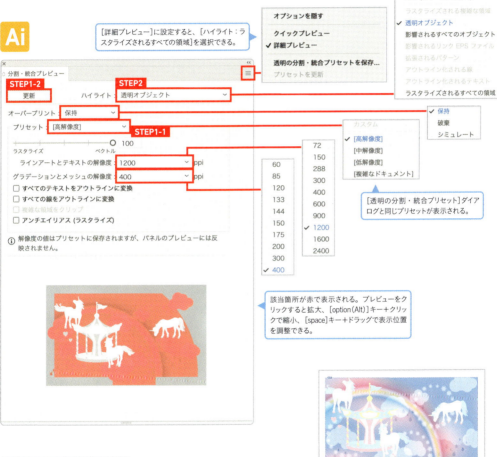

InDesignの場合、パネルで[ハイライト]を選択すると、該当箇所が赤で表示される。元の表示に戻す場合は、[ハイライト：なし]に設定する。

InDesignの場合、プレビューは実際のレイアウトに表示される。上は[ハイライト：なし]、下は[透明オブジェクト]を選択した結果。

CHAPTER2 入稿データを構成する部品

[透明の分割・統合プリセット]は、**分割・統合プレビューパネル**か、[**透明の分割・統合プリセット**]**ダイアログ**★14 で作成および編集できます。Illustratorのパネルの場合、数値や設定を変更してパネルメニューの[分割・統合プリセットを保存]を選択すると、保存できます。ダイアログの場合は、基準とする[プリセット]を選択して[新規]をクリックすると、値をコピーしたものが作成されるため、これを編集して保存します。パネルとダイアログの[プリセット]は同期するため、どちらか一方に追加すると、もう片方でも選択できます。

★14. Illustrator／InDesignとも、[編集]メニュー→[透明の分割・統合プリセット]を選択すると表示される。このダイアログのスクリーンショットはP25に掲載。

ラスタライズとベクトルのバランス	ラスタライズせずにベクター形式のまま残すオブジェクトの量を調整する。高いほど、ベクター形式のまま残すことができる。すべてをラスタライズするには、最低値に設定する。[プリセット：[高解像度]]では[100（最高値）]に設定されている。
ラインアートとテキストの解像度	パスやテキスト、画像などのオブジェクトをラスタライズする際の[解像度]を指定する。最大で9600ppiまで設定できる。serifフォントやサイズの小さいフォントを高品質でラスタライズするには、通常600ppiから1200ppiに設定する。[プリセット：[高解像度]]では[1200ppi]に設定されている。
グラデーションとメッシュの解像度	グラデーションとグラデーションメッシュ（Illustratorのみ）をラスタライズする際の[解像度]を指定する。InDesignとAcrobat Proでは最大で1200ppi、Illustratorでは最大で9600ppiまで設定できるが、高ければ品質が上がるものでもない。通常は150ppiから300ppiに設定する。[プリセット：[高解像度]]では[400ppi]に設定されている。
すべてのテキストをアウトラインに変換	すべてのテキストをアウトライン化する。チェックを入れると、分割・統合によるテキストへの影響をおさえられる。
すべての線をアウトラインに変換	すべての[線]をべた塗りのパスに変換する。チェックを入れると、分割・統合による[線幅]への影響をおさえらえる。
複雑な領域をクリップ	ベクター形式のまま残る部分とラスタライズされた部分の境界線が重なるように処理される。チェックを入れると、オブジェクトが部分的にラスタライズされる場合に、ベクター部分とラスター部分の境界線が目立ってぎざぎざに表示される「カラーステッチ」の発生が軽減される。
アンチエイリアス（ラスタライズ）	チェックを入れると、ラスタライズの際にアンチエイリアス処理される。
アルファ透明部分を保持（Illustratorのみ）	チェックを入れると、分割・統合によって失われる[描画モード]とオーバープリントが、オブジェクト全体の[不透明度]として保持される。SWF形式やSVG形式を書き出す場合に便利。
オーバープリントと特色を保持（Illustratorのみ）	チェックを入れると、オーバープリントと特色スウォッチが保持される。オフにすると、オーバープリントや特色スウォッチは変換または合成されて、基本インキCMYKで表現される。
オーバープリントを保持（Acrobat Proのみ）	オーバープリントと同じ効果を得られるよう、オブジェクトの色と背景色を合成する。

入稿データの場合は、[**プリセット：[高解像度]**]に設定していればだいたい間に合うため、細かく編集する場面はほとんどないと思われます。なお、パネルで指定した[プリセット]はあくまで確認用なので、書き出しや保存時に[[高解像度]]またはそれに準じる設定になっているか、きちんと確認しましょう★15。

InDesignの場合、透明オブジェクトの有無を、**ページパネル**のアイコンで確認できます。このアイコンはデフォルトでは非表示になっているため、変更しておくとよいでしょう。ページパネルのメニューから[**パネルオプション**]を選択し、[**アイコン**]で[**透明**]にチェックを入れると、透明オブジェクトが存在するページに**市松模様のアイコン**が表示されるようになります。

★15. PDF入稿の場合はP157参照、Illustrator EPS入稿の場合はP180参照。

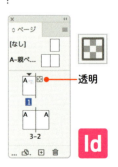

事前に分割・統合する

Illustratorでは、透明を**手動で分割・統合**できます[★16]。入稿データに透明オブジェクトを含めることができない場合などに、使用することがあります。

なお、いったん分割・統合してしまうと、元の状態には戻せません。これらの処理は、入稿直前の最終段階で、バックアップを作成済みのファイルに対しておこないます。

Illustratorで手動で透明を分割・統合する

STEP1. オブジェクトを選択し、[オブジェクト]メニュー→[透明部分を分割・統合]を選択する

STEP2. [透明部分を分割・統合]ダイアログ[★17]で[プリセット:[高解像度]]に設定し、[OK]をクリックする

★16. 処理する面積が広範囲の場合、Photoshop入稿も視野に入れるとよい（P175参照）。

★17. ダイアログの内容は、分割・統合プレビューパネルと同じ。このダイアログで[プレビュー]にチェックを入れると、分割・統合後の状態を確認できる。パネルと違って実際の切断ラインが見えるので、事前チェックにも利用できる。分割・統合によって発生する色の境界などを発見できれば、事前に対策を練ることも可能。

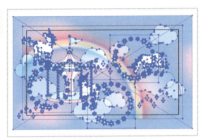

Illustratorで[透明部分を分割・統合]を適用した結果。パスが保持されているように見えるが、実際はラスタライズされたオブジェクトを切り抜くためのクリッピングパスである。

レイヤーパネルで確認すると、構造が複雑になっていることがわかる。このような場合は、ラスタライズでひとつの画像にまとめたほうがよいこともある。

透明オブジェクトではありませんが、**複雑なパス**[★18]や**アピアランス、変倍回転したパターン**[★19]など、**RIP処理時に意図しない結果になるおそれがあるオブジェクト**[★20]も、事前に分割やラスタライズ、アウトライン化などの処理を施しておくとよいことがあります。細かく分割されそうなオブジェクトは、ラスタライズでひとつの画像にまとめたほうが処理が軽く、白スジの発生も防げます。ただ、そのままの状態で入稿できることもあるため、処理をすればよいとは一概にいえません。可能であれば事前に印刷所に相談してみることをおすすめします。

これらの処理をおこなうためのメニューも、**[オブジェクト]メニュー**に用意されています。以下は、メニューごとの違いです。

★18. アンカーポイントの数が1000を超えるパス。Illustratorの[落書き]フィルターや画像トレース機能などを利用すると、発生しやすい。

★19. Illustratorでパターンを使用する場合は、入稿データを印刷所で開いたときに表示位置が変わる可能性も想定しておくとよい。比較的単純なパターンは[分割・拡張]でパスに変換すればよいが、複雑なパスで構成されたパターンの場合はラスタライズが適切なこともある。

★20. [線]に設定したグラデーションや、透明オブジェクトとグラデーションの組み合わせは、ラスタライズが推奨されている。

分割・拡張	[塗り]や[線]に設定したパターンをパスに変換する。また、グラデーションを、グラデーションメッシュまたはべた塗りのパスの集合体に変換する。[線]を設定したオブジェクトに適用すると、[線]がアウトライン化される。テキストに適用すると、アウトライン化される。
アピアランスを分割	オブジェクトに設定したアピアランスを、パスや画像に変換する。[線]に設定したブラシを分割するときもこちらを使う。[ドロップシャドウ]など、ピクセルを生成するアピアランスは、ラスタライズされる。この場合の[解像度]は、[ドキュメントのラスタライズ効果設定]ダイアログの設定が適用される。
ラスタライズ	オブジェクトをラスタライズして埋め込み画像に変換する。[解像度]はダイアログで指定できる。複数のオブジェクトを選択すると、ひとつの埋め込み画像にまとめられる。[背景:透明]では透明オブジェクトになる。

2-9 オーバープリントとノックアウト

入稿データをつくるときに、必ず理解しておきたい概念があります。それが「オーバープリント」です。ソフトウエアの設定やRIP処理時の自動墨ノセ、制作現場でのオーバープリント設定済みオブジェクトの使い回しなど、意図せず巻き込まれるケースがあるためです。

オーバープリントについて

オーバープリントは製版指定の一種で、**他の版に重ねて印刷すること**を指します。べた塗りのオブジェクトに設定すると、[描画モード:乗算]と似た効果が得られます。オーバープリントは、Illustratorでは**属性パネル**[*1]で設定できますが、デフォルトのプレビュー画面には反映されません。[**表示**]メニュー→[**オーバープリントプレビュー**][*2]で**オーバープリントプレビュー**に切り替える必要があります。

★1. InDesignの場合は、プリント属性パネルで設定する。

★2. IllustratorとInDesignに共通の操作。分版プレビューパネルで切り替えることもできる。

Illustratorでオブジェクトをオーバープリントに設定する

STEP1. オブジェクトを選択する
STEP2. 属性パネルで[塗りにオーバープリント]にチェックを入れる

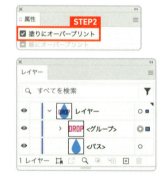

KEYWORD
オーバープリント

別名:ノセ、乗せ

製版指定の一種。他の版に重ねて印刷すること。[描画モード:乗算]と似た効果が得られるが、オーバープリントは透明効果ではないため、こちらを使用すると透明の分割・統合の対象にならない。条件によっては[乗算]と同じ結果にならないため注意する。

KEYWORD
ノックアウト

別名:ヌキ、抜き、抜き合わせ、ケヌキ、毛抜き、ケヌキ合わせ、ヌケ、抜け

製版指定の一種。他の版に重ねずに印刷すること。IllustratorやInDesignのデフォルトはこの設定になる。

オーバープリントの逆で、版を重ねずに印刷することを「**ノックアウト**」と呼びます。基本はこちらに設定しておいたほうが、トラブルが起きません。IllustratorやInDesignのデフォルトもこちらに設定されています。ただ、オブジェクトをオーバープリントに設定したり、オーバープリントのオブジェクトを選択すると、属性パネルの[オーバープリント]にチェックが入ってしまい、以降、ノックアウトのオブジェクトを選択するまではそれがデフォルトになります。**属性パネルの設定**は、随時確認するとよいでしょう。

★3. 印刷所によっては、[K:100%]以外のオーバープリントがRIP処理時に破棄されることがある。そのような印刷所では、オーバープリントのかわりに[乗算]の使用を案内していることもある。ただし、今度は透明効果の使用で分割・統合の対象になることに注意する。

[乗算]とオーバープリントの違い

[乗算]とオーバープリントは似た効果が得られますが、同じ結果にならないこともあります。[乗算]のかわりにオーバープリントを使う[★3]場合は、注意が必要です。結果が異なるのは、**共通のインキで色が設定されている(図柄が同じ版を使用している)** 場合です。**[乗算]**は、乗算(掛け算)で合成されるため[★4]、背面のオブジェクトは必ず透けて見えます。一方**オーバープリントは、前面のオブジェクトの[カラー値]** が採用されるため、前面のオブジェクトの[カラー値]が背面より低ければ、[乗算]と同じ結果になりません。

★4. [乗算]の[カラーモード:CMYKカラー]での計算式は以下のとおり。AとBは同じ版にある[カラー値]。

$$100 - \frac{(100-A)\times(100-B)}{100}\%$$

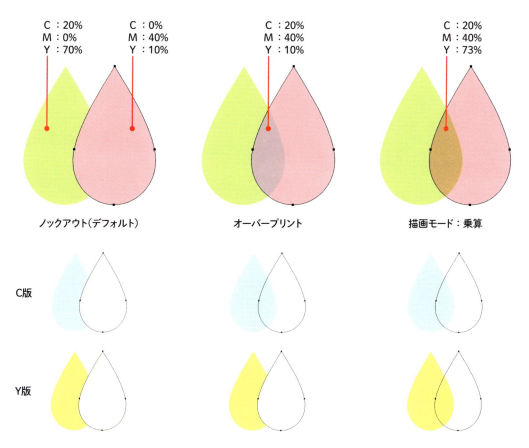

共通して使用しているのはY版。前面のオブジェクト(右側)をオーバープリントまたは[乗算]に変更する。

オーバープリントに設定すると、同じ版に色があるY版の場合、前面の[Y:10%]が採用されるため、重なりは紫色になる。

[描画モード:乗算]に設定すると、Y版については[10%]と[70%]が乗算で合成されるため、重なりは薄茶色になる。

CHAPTER2 入稿データを構成する部品

意図しないうちに設定されるオーバープリント

関連記事｜RIP処理時の自動墨ノセについて P94

オーバープリントのメリットは、**版ずれに強い点**にあります。暗色インキや不透明インキを設定したオブジェクトをオーバープリントに設定すると、版ずれが発生しても紙の白地が露出しません。これを利用しているのが、**[K：100%]のオブジェクトをオーバープリントに設定**する「**墨ノセ**」という処理です。

この墨ノセは、**自動で設定される**ことがあります。たとえばInDesignの場合、**[黒]スウォッチ**を設定したオブジェクトは、自動でオーバープリントに設定されます[★5]。このほか、印刷所での**RIP処理**時に、[K：100%]のオブジェクトが強制的にオーバープリントに設定される[★6]ことがあります。

★5. [黒]スウォッチは[K：100%]のスウォッチだが、特殊なスウォッチとして扱われる。[InDesign（編集）]メニュー→[環境設定]→[黒の表示方法]を選択し、[[黒]のオーバープリント]で[[黒]スウォッチ を100%オーバープリント]のチェックを外すと、[黒]スウォッチを使った部分がオーバープリントに設定されない。

★6. 「自動墨ノセ」と呼ばれる処理。P94で解説。

[K：100%]
ノックアウト

[K：100%]
オーバープリント（墨ノセ）

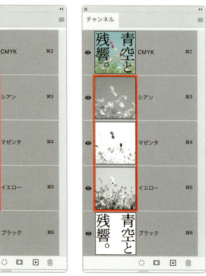

Ai

[K：100%]
オーバープリント（墨ノセ）

↓

[K：0%]
オーバープリント

オーバープリントに設定したまま黒[K：100%]を白[K：0%]に変更すると、透明になる。オーバープリントプレビューに切り替えるまでは気づきにくい。

Ps

IllustratorファイルやPDFファイルをPhotoshopで開くと、チャンネルパネルのサムネールで版の状態をまとめて見ることができる。チャンネルの画像をずらすと、版ずれをシミュレーションできる。

オブジェクトの再利用によって、意図せずオーバープリントのオブジェクトが紛れ込むこともあります。**黒のオブジェクト**はオーバープリントが設定されている可能性が高い[★7]ため、既存の入稿データを再利用する際は、属性パネルでチェックする癖をつけましょう。事故が起きやすいのは、たとえば、オーバープリントが設定されている黒の文字を白に変更して、**白抜き文字**として使うケースです。通常のプレビューでは白で表示されてしまうため気づきにくいですが、印刷結果からは消滅します。入稿前に一度は**オーバープリントプレビュー**に切り替えて、確認するくせをつけましょう。

InDesignでは、**白[C：0％／M：0％／Y：0％／K：0％]のオブジェクトはオーバープリントに設定できない**ようになっています。オーバープリントに設定したオブジェクトの色を白に変更すると、オーバープリントの設定は破棄されます。白への変更の場合はこれで防げますが、淡い色に変更した場合はオーバープリントの設定が残るため、注意が必要です。

Illustratorでは、白のオブジェクトをオーバープリントに設定しようとすると、**警告ダイアログ**が表示されます。また、オーバープリントに設定したオブジェクトの色を白に変更すると、属性パネルに**警告アイコン**が表示されます。ただ、設定できてしまうことに変わりはないため、引き続き注意を怠らないようにしましょう[★8]。

★7. ［K：100%］のロゴや文字は、設定されている可能性が高い。

★8. Illustratorの場合、［ドキュメント設定］ダイアログの［出力で白のオーバープリントを破棄］にデフォルトでチェックが入っているため、白のオブジェクトに設定したオーバープリントは、PDF書き出しやEPS保存時に自動で破棄される。このダイアログは［ファイル］メニュー→［ドキュメント設定］を選択すると開く。Illustrator形式で保存した場合は破棄されないが、そのIllustratorファイルをInDesignに配置すると、白のオーバープリントはノックアウトで表示される。これにより、Illustratorのオーバープリントプレビューで作業していたときは存在に気づかなかった白のオブジェクトが、印刷に出てしまうという問題も発生する。

警告アイコン

KEYWORD
属性パネル（Illustrator）
ぞくせい

別名：プリント属性パネル（InDesign）
IllustratorとInDesignにあるパネルで、おもにオーバープリントの設定をおこなう。Illustratorでは、パスのセンターポイントの表示／非表示の切り替えも可能。

KEYWORD
分版プレビューパネル
ぶんぱん

IllustratorとInDesignにあるパネルで、版の状態を確認できる。オーバープリントプレビューに切り替えて、目のアイコンをクリックすると、その版を非表示にできる。［option（Alt）］キーを押しながら目のアイコンをクリックすると、その版だけを表示できる。

KEYWORD
乗算
じょうざん

［描画モード］の一種。「乗算」は掛け算を意味する。下の色（基本色）と上の色（合成色）を成分ごとに掛け算して、結果色を割り出す。この［描画モード］で重ねると、色は必ず暗くなり、カラーセロファンを重ねたような効果が得られる。透明効果であるため、透明をサポートしない保存形式では保持されない。

2-10 墨ノセのメリット・デメリット

黒[K：100%]のオブジェクトは、ソフトウエアの設定や印刷所のRIP処理で、自動でオーバープリントに設定されることがあります。事前に対策すれば、対象から外すことができます。

墨ノセのメリット

Kインキは単独で鮮明に印刷できるため、文字や罫線などに頻繁に使用されるインキです。雑誌や書籍などの本文の色は、[K：100%]で印刷されていることが多いです。

背景に色面や図柄を敷き、その上に[K：100%]の文字を、ノックアウト（ヌキ）でレイアウトします。この状態で版ずれが発生すると、大きな文字のエッジには紙の白地が露出し、小さな文字は可読性が落ちてしまいます。

そこで、**[K：100%]**の文字を**オーバープリント（ノセ）**に変更します。この設定では、背景の色面や図柄が途切れることなく印刷された上に文字が重なるため、**版ずれ**が発生しても、**紙の白地が露出しません**。またこのKインキは、基本インキCMYKのうち色が最も暗く、他のインキと重ねても**色の影響をほとんど受けない**ため、オーバープリントでもノックアウトでも、仕上がりがそれほど変化しません[★1]。印刷の現場ではよく使われる手法で、「**墨ノセ**」と呼んで、他のオーバープリントとは区別します。

InDesignの場合、**環境設定**で[**[黒]スウォッチを100%でオーバープリント**]にチェックが入っていれば、**[黒]スウォッチ**を設定したオブジェクトは、自動でオーバープリントに設定されます。作業環境を共用している場合は、環境設定を見直しておくとよいでしょう。

★1. サイズが大きい太ゴシック体などに設定すると、背面が透けて見えることがある。詳しくはP94参照。

墨ノセなし　　墨ノセあり

版ずれをシミュレーションしたもの。文字を墨ノセに設定すると、紙の白地が露出しない。

[黒]スウォッチ →

KEYWORD
墨（すみ）

別名：スミ、黒、ブラック、K、BK

基本CMYKのうちのKインキ、または[C：0%／M：0%／Y：0%／K：100%]の色を指す。K以外のインキを省略して[K：100%]、「墨ベタ」「墨100%」「K100」「BK100%」ともいう。

InDesignで[黒]スウォッチの自動オーバープリントを設定する

STEP1. [InDesign(編集)]メニュー→[環境設定]→[黒の表示方法]を選択する
STEP2. [[黒]のオーバープリント]で[[黒]スウォッチを100%でオーバープリント]にチェックを入れる[★2]

![Id]
環境設定
黒の表示方法
RGB およびグレースケールデバイスでの黒の表示オプション
　　　　　スクリーン：すべての黒を正確に表示
　　　プリント／書き出し：すべての黒を正確に出力
　　　黒 (100K) のサンプル　　　　リッチブラックのサンプル
　　　■Aa　　　　　　■Aa
[黒] のオーバープリント
☑ [黒] スウォッチを 100% でオーバープリント

★2. [[黒]スウォッチを100%でオーバープリント]は、デフォルトでチェックが入っている。チェックを外すと、[黒]スウォッチを使用しても、オーバープリントに設定されない。

このダイアログの[RGBおよびグレースケールデバイスでの黒の表示オプション]も、[すべての黒を正確に表示(出力)]に変更しておくとよい。

Illustratorでは、**[オーバープリントブラック]**で一括設定できます。個別に設定する場合は、**属性パネル**を使います。

★3. すべてを選択した状態で、[オーバープリントブラック]を適用すると、該当箇所のみが墨ノセに設定される。

Illustratorで一括で墨ノセに設定する

STEP1. 墨ノセにするオブジェクトを選択し[★3]、[編集]メニュー→[カラーを編集]→[オーバープリントブラック]を選択する
STEP2. [オーバープリントブラック]ダイアログで[オーバープリントの適用] [比率：100%]に設定し、[適用]で適用する部位を指定して、[OK]をクリックする

墨ノセの設定は、属性パネルのほか、アピアランスパネルでも確認できる。

KEYWORD
墨ノセ（すみノセ）

別名：スミノセ、ブラックオーバープリント

黒[C：0%／M：0%／Y：0%／K：100%]のオブジェクトをオーバープリントに設定すること。この色はRIP処理時に自動でオーバープリントに設定されることがあり、これを「自動墨ノセ」と呼ぶ。なお、黒のオブジェクトをノックアウトに指定することを、「墨ヌキ」と呼ぶ。

背面の透けに注意する

関連記事｜リッチブラックについて P96

便利に見える墨ノセですが、太ゴシック体の見出しなど**面積の広いオブジェクト**に使用すると[★4]、**背面の図柄が透けて見える**ことがあります。**オーバープリントプレビュー**である程度までは発見できるので、確認する癖をつけるようにしましょう。この問題の対策としては、墨ノセにしたオブジェクトを**墨ヌキ**（**ノックアウト**）に戻す、**リッチブラック**にする、などの方法があります。

★4．[K：100%]のべた塗りの上に画像を配置した場合なども、境界が見えてしまうことがある。

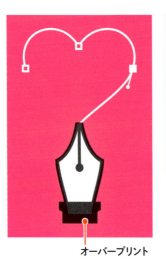　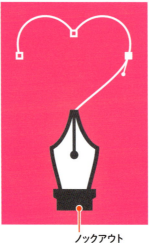

オーバープリント　　　ノックアウト

オーバープリントに設定すると、背面の色の境界が透けて見える例。

※重なりがわかりやすいよう、サンプルの黒の部分は[K：80%]で作成している。

RIP処理時の自動墨ノセについて

関連記事｜リッチブラックと自動墨ノセ P100

制作者のあずかり知らぬうちに、墨ノセに設定されることもあります。InDesignの場合、環境設定によっては、[黒]スウォッチを使用すると自動でオーバープリントに設定されますが、[K：100%]のスウォッチを別途作成し、[黒]スウォッチを使用しないようにすれば、回避できます。

ところが、印刷所のRIP処理時に**自動墨ノセ**[★5]がおこなわれると、回避したはずの墨ノセが、設定されてしまいます。これについては、入稿する印刷所の入稿マニュアルをよく読んで対応するしかありません。自動墨ノセ／入稿データの指定通りのいずれかを選択できる印刷所なら、「**入稿データの指定通り**」を選択すれば、意図しない墨ノセは発生しません。気をつけるポイントは、印刷通販では指定通りを選択できず、自動墨ノセを適用するところが多いという点です。

回避策としては、**Kインキを[100%]以外**に変更する、**K以外のインキを混ぜる**、などの方法があります。**[K：100%]でなければ自動墨ノセの対象から外れる**ためです。自動墨ノセを適用する印刷所では、入稿マニュアルで回避方法を案内していることが多いため、確認してみるとよいでしょう。

★5．「自動墨ノセ」と呼ばれるのは、印刷所のRIP処理時に設定される墨ノセ。元は制作者が忘れた設定を補うための処理だった。

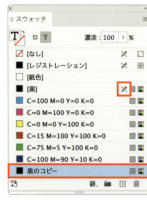

[黒]スウォッチを複製すると、通常の[K：100%]のスウォッチになる。[黒][なし][紙色][レジストレーション]は、削除できない特殊なスウォッチ。

	印刷所のRIP処理	InDesignの[黒]スウォッチ	[黒]スウォッチ以外の[K：100%]	[K：99%]
InDesignで[黒]スウォッチの自動オーバープリントをオンで保存したデータ	自動墨ノセ	オーバープリント	オーバープリント	ノックアウト
	指定通り	オーバープリント	ノックアウト	ノックアウト
InDesignで[黒]スウォッチの自動オーバープリントをオフで保存したデータ	自動墨ノセ	オーバープリント	オーバープリント	ノックアウト
	指定通り	ノックアウト	ノックアウト	ノックアウト

※ ■ 意図しないオーバープリントになるケース。オブジェクトはすべてノックアウトに設定。

　自動墨ノセの問題は、オブジェクトが勝手にオーバープリントに設定されるだけではありません。透明オブジェクトの影響を受ける部分に[K：100%]のオブジェクトが存在し、**透明の分割・統合で画像とパスに分割された**あと[★6]、自動墨ノセが適用されると、その境界が印刷に出てしまうことがあります。

[★6]. 透明をサポートしない保存形式では、透明オブジェクトとその影響を受ける部分が分割・統合される。

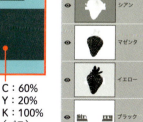

自動墨ノセが問題になるのは、[K：100%]のオブジェクトに影響する透明オブジェクトがあり、PDF書き出しやEPS保存時に画像とパスに分割される場合。左のサンプルの場合、切り抜き画像とロゴが重なる部分は画像化され、重ならない部分はパスのまま残る。この時点のロゴの色は、切り抜き画像と重なる部分も、そうでない部分も[K：100%]。

画像は自動墨ノセの対象外となるため、画像化された部分の黒は[K：100%]のまま。パスの黒は自動墨ノセでオーバープリントに設定され、その部分は[K：100%]よりも暗い黒になる。そのため、色の境界が印刷に出ることがある。

ロゴを[K：99%]などに設定して回避してもよいが、このような場合、ロゴに手動でオーバープリントを設定し、画像化される部分にも反映させると、ロゴ部分の黒に深みも加わり、きれいな仕上がりになる。

2-11 リッチブラックとインキ総量

「黒」を表現する方法として、「リッチブラック」というものがあります。K以外のインキも重ねるため、深みのある黒になります。ただし、インキ総量の上限を超えないように気をつける必要があります。

リッチブラックについて

リッチブラックは、[C：40%／M：40%／Y：40%／K：100%]や[C：60%／M：60%／Y：60%／K：100%]など、**K以外のインキも使用して表現する黒**です。深みのある黒になるため、面積の広いオブジェクトに使うと効果的です。**自動墨ノセの対象から外れる**ため、回避策にもなります[★1]。

リッチブラックの比率に決まりはなく、K以外のインキを[20%]から[60%]程度追加するのが一般的です。[C：60%／M：40%／Y：40%／K：100%]のように、比較的明度が低いCインキを多めに重ねる方法もあります。印刷所によっては、推奨値を提示しているところもあるため、入稿マニュアルで確認するとよいでしょう。

★1. 回避はできるが、版ずれによる影響が考えられるため、細かい文字などには不適切。また、バーコードやQRコードなどにも使用できない。[RGBカラー]の黒[R：0／G：0／B：0]を[CMYKカラー]に変換すると、たいていはCMYKすべてのインキを使用した黒になる(P100参照)。[RGBカラー]のバーコードやQRコードを支給された場合は注意する。

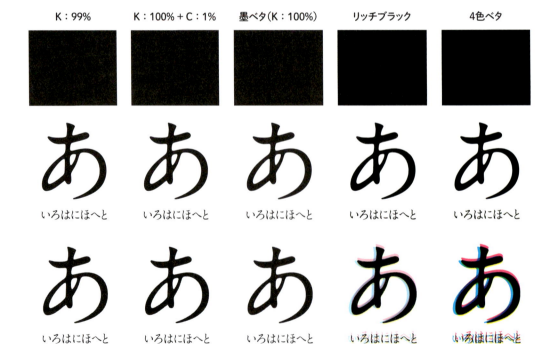

※リッチブラックは[C：40%／M：40%／Y：40%／K：100%]で作成。文字サンプルの下段は、版ずれをシミュレーションしたもの。
※「4色ベタ」は、印刷所の協力を得て印刷している。通常は印刷不可。

インキ総量に注意する

リッチブラックを使う上で、注意しておかなければならないのが、**インキ総量の上限**です。**インキ総量**は、**[カラー値]をピクセルごとに合計**したものです。たとえば黄緑[C：20％／M：0％／Y：100％／K：0％]の場合、インキ総量は120％になります。

インキ総量が高すぎると、印刷時にインキが乾かず、紙の裏面が汚れる**裏移り**や、紙どうしがくっついてしまう**ブロッキング**の原因になります。インキ総量の上限は、一般にコート紙で**350％**、非コート紙で**300％**程度といわれています。非コート紙のほうが上限が低いのは、コート紙より乾きにくいためです。

[C：60％／M：60％／Y：60％／K：100％]のリッチブラックの場合、インキ総量は280％です。これなら非コート紙の上限にも引っかかりません。[C：40％／M：40％／Y：40％／K：100％]なら220％なので、新聞印刷の一般的な基準[*2]もクリアできます。

インキ総量が問題になるのはリッチブラック使用時に限りません。オブジェクトや配置画像の中にインキ総量の上限を超える部分が少しでもあると、印刷所にリジェクトされることがあります。インキ総量が300％を超すような色は、たいていは黒に近い色なので、黒っぽいオブジェクトや画像を扱うときは注意します。

★2. 新聞は薄く粗い紙を使うため、250％と低め。

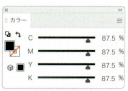

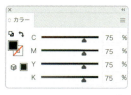

350÷4＝87.5、300÷4＝75。[カラー値]がCMYKすべて[87.5％]や[75％]となる色をカラーパネルでつくってみると、ほぼ黒になる。

KEYWORD
リッチブラック

[C：40％／M：40％／Y：40％／K：100％]や[C：60％／M：60％／Y：60％／K：100％]などで表現する黒。墨ベタより深みのある黒になる。広い面積に使うと効果的。自動墨ノセの回避策にもなるが、版ずれの影響を考慮すると、細かい文字や細い線、図柄などには向かない。

KEYWORD
墨ベタ（すみべた）

別名：スミベタ、黒ベタ

[C：0％／M：0％／Y：0％／K：100％]で表現する黒。Kインキのみを使用するため、版ずれの心配がないが、リッチブラックや4色ベタに比べて薄い黒になる。また、広い面積に使うと、紙粉などの異物の付着による白抜け（ピンホール）が起こりやすい。自動墨ノセの対象となる。

KEYWORD
4色ベタ（よんしょくべた）

別名：総ベタ

[C：100％／M：100％／Y：100％／K：100％]で表現する黒。インキ総量の上限に確実にひっかかるため、入稿データには使用できない。例外は、トンボなどに使用する[レジストレーション]スウォッチのみ。

KEYWORD
インキ総量（そうりょう）

別名：インキ総使用量、TAC値、総インキ量、総網点量

[カラー値]をピクセルごとに合計したもの。高すぎると印刷時のトラブルの原因となるため、上限が設けられている。カラー印刷（CMYK）の場合、一般的な上限は300％から350％。

インキ総量を調べる

関連記事｜［出力プレビュー］でインキをチェックする P162

インキ総量は、InDesignの**分版プレビューパネル**やPhotoshopの**情報パネル**[★3]、Acrobat Proの**［出力プレビュー］ダイアログ**で調べることができます。InDesignやAcrobat Proでは、インキ総量の上限を超えている部分を**ハイライト表示**できます。

★3．Illustratorの分版プレビューパネルや情報パネルでは調査できない。

InDesignでインキ総量を調べる

STEP1．分版パネルで［表示：インキ限定］に設定する
STEP2．インキ総量の上限を入力する

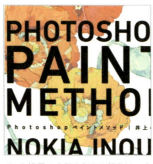

右側に表示される数値は、カーソルを重ねた地点の［カラー値］。［表示：色分解］を選択すると、オーバープリントプレビューになる。

インキ総量の上限を超える部分は、赤でハイライト表示される（右）。通常表示（左）に戻すには、［表示：オフ］を選択する。

Acrobat Proでインキ総量を調べる

STEP1．Acrobat Proで［出力プレビュー］ダイアログを開く[★4]
STEP2．［出力プレビュー］ダイアログで［領域全体をカバー］にチェックを入れたあと、インキ総量の上限を入力する

★4．［出力プレビュー］ダイアログの開きかたについては、P161参照。

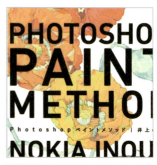

インキ総量の上限を超える部分は、緑でハイライト表示される（下）。通常表示（上）に戻すには、［領域全体をカバー］のチェックを外す。

Photoshopでインキ総量を調べる

STEP1. 情報パネル[*5]のメニューから［パネルオプション］を選択する
STEP2. ［情報パネルオプション］ダイアログで、［第1色情報］を［モード：インキの総使用量］に変更し、［OK］をクリックする
STEP3. 調べる地点にカーソルを合わせ、情報パネルの［第1色情報］で確認する

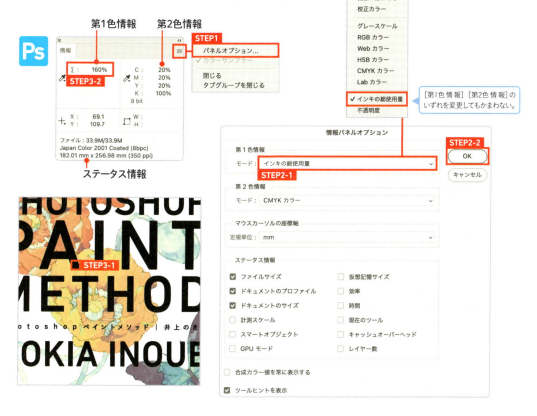

★5. Photoshopの情報パネルは、カンバスサイズやレイヤー数なども調べることができる。

［第1色情報］［第2色情報］のいずれを変更してもかまわない。

カラー印刷標準のカラープロファイル**[Japan Color 2001 Coated]**を指定して、［カラーモード：RGBカラー］から［CMYKカラー］に変換した画像は、その段階でコート紙の上限**350%**におさえられています。カラープロファイルには**インキ総量の上限の情報**[*6]が含まれていて、変換時にそれも調整されるためです。

ただし、この色空間で4色ベタ[*7]などを使用して描画すると、その部分は上限を超えてしまいます。すでに［Japan Color 2001 Coated］が適用されている画像に再度同じプロファイルを適用しても、インキ総量は調整されません。他のカラープロファイルを適用したり、［カラーモード］を変更したあとで、［Japan Color 2001 Coated］を適用すると、インキ総量は調整されますが、色が変わってしまいます。調整レイヤー［チャンネルミキサー］や［トーンカーブ］などを利用して、影響が少ないチャンネルの内容を調整してみるとよいでしょう。

350%以内におさまっていれば大抵は問題ありませんが、印刷所によっては、それより低い**300%**におさめなければならないところもあります。そのような印刷所では、変換用のカラープロファイルを用意していることもありますし、入稿後に変換できる場合もあるため、相談してみるとよいでしょう。

★6. カラープロファイルに設定されたインキ総量の上限は、［Japan Color 2001 Uncoated］は310%、［Japan Color 2002 Newspaper］は240%。

★7. Photoshopの場合、その色空間で最も暗い黒は、［カラーピッカー］ダイアログのカラーチャートの右下角にある。この角をクリックして色を選択すると、自動的にインキ総量の上限まで使用した黒になる。

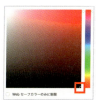

リッチブラックと自動墨ノセ

関連記事｜RIP処理時の自動墨ノセについて P94

リッチブラックと[K：100%]の微妙な明度の差をデザインに利用する際[★8]、**[黒]スウォッチ**の存在や、印刷所のRIP処理時の**自動墨ノセ**の可能性について、十分注意した上で作業します。これらが作用して[K：100%]のオブジェクトがオーバープリントに変更されると、意図しない結果になります。安全策としては、[K：100%]を[K：99%]に設定するなどの方法があります。頭で考えても予想外の結果になることがあるため、IllustratorやInDesignなどでサンプルをつくって、シミュレーションしてみるとよいでしょう[★9]。

★8. 入稿データ仕様書や出力見本などに、リッチブラックを利用したデザインである旨を書き添えておくとよい。ただし、それに注意して進行するか、そのまま出力するかは、印刷所による。

★9. InDesignの分版プレビューパネルのメニューで［リッチブラックをシミュレート］を選択すると、[K：100%]が薄い黒になり、リッチブラック部分がわかりやすくなる。

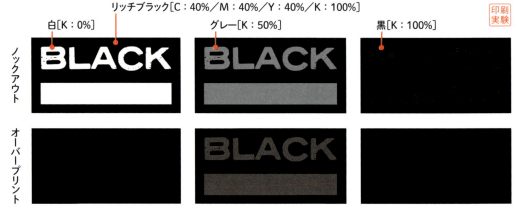

オーバープリントに変更すると、印刷結果から消滅する。白のオブジェクトは、背景が何であっても消滅する。

オーバープリントに変更すると、ロゴ部分は[C：40%／M：40%／Y：40%／K：50%]になる。同じ版に色があるとき、前面のオブジェクトの[カラー値]が使用される。

オーバープリントに変更すると、印刷結果から消滅する。

［カラーモード］の変換による黒の変化

　［カラーモード：RGBカラー］の黒**[R：0／G：0／B：0]**を、[CMYKカラー]に変換[★10]すると、**[C：93%／M：88%／Y：89%／K：80%]**と中途半端な値になりますが、**[グレースケール]**に変換すると、**[K：100%]**になります。ペイントソフトなどで描いた[RGBカラー]の黒1色の線画を入稿データとして使う場合、[CMYKカラー]ではなく[グレースケール]に変換すると、[K：100%]に変換できるため、線が網点化されずクリアに印刷できることがわかります。一方、**4色ベタ**は、[RGBカラー]や[グレースケール]の黒に変換できます。[カラーモード]の変換による黒の[カラー値]の変化を知っておくと、用途に応じて選択できます。

★10. ［作業用スペース］および変換の基準にしたカラープロファイルは、[RGB：Adobe RGB(1998)]、[CMYK：Japan Color 2001 Coated]、[グレースケール：Dot Gain 15%]。

C／M／Y／K	R／G／B	K(グレースケール)
0／0／0／100	37／30／28	95
93／88／89／80	0／0／0	100
100／100／100／100	0／0／0	100

CHAPTER 3

特色印刷のための入稿データ

CHAPTER3 特色印刷のための入稿データ

3-1 特色印刷について

調合済みのインキを使用する印刷を、「特色印刷」と呼びます。基本インキCMYKでカバーできない色の表現が可能、[カラー値：100%]なら網点化しないためエッジがクリアに仕上がる、インキ数を絞ればコストが削減できるなどのメリットがあります。

特色印刷の使いどころ 関連記事｜[カラー値：100%]とそれ以外 P138

★1. プロセスインキのこと。本書では直感的にわかりやすいよう、「基本インキCMYK」と呼ぶ。

基本インキCMYK[★1]で黄みがかった水色を表現するには、CインキやYインキなどを掛け合わせる必要がありますが、その色のインキがあれば、それひとつで表現できます。このような、**特定の色を表現するために調合されたインキ**を、「**特色**」または「**特色インキ**」、そしてこのインキを使用した印刷を、「**特色印刷**」と呼びます。

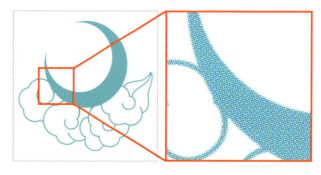

基本インキCMYK

[カラー値：100%]以外は網点化する。また、複数のインキを使用するため、版ずれのおそれもある。

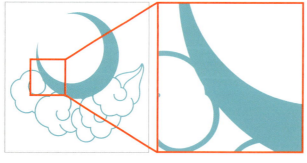

特色

[カラー値：100%]で印刷できるため、網点化せず均質なべた塗りになる。エッジもクリアに仕上がる。

※掲載の画像は特色インキの特長をわかりやすく説明するための模式図であり、実際に特色インキを使用して印刷したものではない。

KEYWORD
特色（とくしょく）

別名：スポットカラー、特練色

基本インキCMYK以外の色、またはあらかじめ調合されたインキのこと。蛍光色やメタリックカラー、不透明な白など、CMYKの掛け合わせでは不可能な色を再現できるほか、淡い色でも[カラー値：100%]で印刷できるため網点化されないというメリットもある。InDesignやIllustratorでは、特色スウォッチで指定できる。Photoshopでは「スポットカラー」と呼ばれる。

特色印刷のメリットのひとつは、**コスト面**にあります。1色刷りや2色刷りは、カラー印刷（CMYK）より使用するインキの数が少なく、コストを抑えることができます。ぱきっとした赤や水色など、彩度の高いインキを使用すると、1色刷りでも華やかに仕上がります。また、Kインキにビビッドなインキを組み合わせてメリハリのある紙面をつくったり、スーパーのチラシのように、赤インキと緑インキを組み合わせて肉や野菜の色をある程度まで再現するなど、インキを上手に選べば、コストを抑えながらも効果的な表現が可能です。

　もうひとつは、**色や表現の幅が広がる**点にあります。コミックスのカバーでは、基本インキCMYKに蛍光ピンクを追加して、肌の明るさを補正することがあります。メタリックカラーを使えば、基本インキCMYKでは表現できない金属的な光沢を表現できます。不透明な白インキで、紙の色や質感を活かした印刷も可能です。

　また、環境に依存しない**正確な発色**も可能になります。ロゴやパッケージの色を特色で指定しておくと、印刷所が変わっても、だいたい同じ色に仕上げることができます。

　デメリットは、使用するインキの数が増えたり、使用するインキによっては逆にコストが高くつく、入稿データを作成するためにはある程度知識が必要、インキの性質によっては仕上がりを予想しにくい、といった点にあります。

クラフト紙に不透明な白インキで、白ウサギの毛色を表現（上）。メタリックインキで光沢をプラス（下）。

特色印刷の入稿データと全体的な注意点

　入稿データのつくりかたは何通りかあり、印刷所[★2]や使用インキ、作業するソフトウエアなどによって使い分けます。**基本インキCMYKのいずれかに振り分ける**、**黒1色で作成**し、インキごとにファイルやレイヤーに分ける、**特色スウォッチで指定**する、などいろいろな方法がありますが、具体的には次ページ以降でひとつずつ解説します。本書には、できるだけ汎用性が高いと思われる方法を集めましたが、印刷所によっては、これらの方法では入稿できないこともあります。印刷所の入稿マニュアルに具体的な方法が記載されていれば、それにしたがって作業します。

　特色スウォッチの取り扱いは、慎重におこなう必要があります。**透明オブジェクト**が関係する部分への使用には注意が必要、**特色番号**をきっちり揃えないと別の版として認識されるなど、使用時の注意事項が何かと多いスウォッチです。特色スウォッチで指定するのは最終手段ととらえ、基本インキCMYKや黒1色で作成した入稿データを印刷所が受け付けている場合は、そちらで入稿したほうが安全です。

★2. 特色印刷を取り扱っていない印刷所もあるため、Webサイトなどで確認する。

CHAPTER3 特色印刷のための入稿データ

3-2 入稿データのつくりかた①
基本インキCMYKに振り分ける

最終的に特色インキに置き換えることを前提とし、基本インキCMYKで入稿データを作成します。カラー印刷の応用で作成できるため、とっつきやすく、かつ最も安全な方法です。

基本インキCMYKをそれぞれ版に見立てる

　融通がききやすく、事故が起こりにくいのは、**基本インキCMYKのうちのいくつかを選び、それぞれを版に見立てて入稿データをつくる方法**[★1]です。特色インキ4色までは、これで対応できます。

　カラー印刷（CMYK）の応用で作成できるので、新しくノウハウを覚える必要がありません。**入稿データに特色スウォッチを含まない**ため、それにまつわるトラブルを回避できるうえ、PDF入稿も可能になります。また、**使用する特色インキが決まっていない段階でも作業を進められる**、というメリットもあります。

　難点は、仮のインキで作業するため、**仕上がりの色をイメージしにくい**ことにあります。赤色のインキならMインキ、青色のインキならCインキ、といった具合に、**実際に使用する特色インキの色に近いものを選ぶ**と、比較的作業しやすくなります。ただ、色が最も暗いKインキは、オーバープリントなどの重なりを判別しにくいという問題があります。使用するインキがこげ茶や濃紺など、黒に近い色[★2]でも、重なりをシミュレートする必要がある場合は、**Cインキの代用**がおすすめです。

★1. 入稿の際に、「C版はDIC317、M版はDIC2166で印刷」などの指定を入れ、印刷所で置き換える。

★2. 暗い色でも実際に印刷すると、オーバープリントに設定した部分から、予想外に背面が透けて見えることがある。

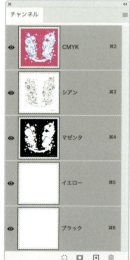

CインキとMインキで作成した入稿データの例。

版の状態を一覧で見るにはPhotoshopのチャンネルパネルが便利。たとえば、Cインキがのる範囲は、シアンチャンネルのサムネールを見ればわかる。[カラー値]が高い部分は黒に近い色、低い部分はグレー、インキがのらない部分は白で表示される。

画像の色を基本インキCMYKに分解する

関連記事｜チャンネルの画像を他のチャンネルに移す P133

IllustratorやInDesignでは、**選択した基本インキ、またはそれらを掛け合わせた色をオブジェクトに設定**すれば、それだけでCMYKへの振り分けが完了します。よく使う掛け合わせがあれば、**グローバルカラースウォッチ**[★3]を作成しておくと、何かと便利です。これで色を設定すれば、［カラー値］を一括で変更できます。

写真やイラストなどのラスター画像は、**Photoshopで基本インキCMYKに分解**します。［カラーモード：RGBカラー］の画像は、まずは［CMYKカラー］に変換する必要がありますが、このとき、**ブラックチャンネル**を生成せずに変換することも可能です[★4]。たいていのカラー画像は、**シアン／マゼンタ／イエローの3つのチャンネルで表現**できます。使用するインキの数が少ない場合、最初の段階でひとつでも減らしておくと、あとの処理が楽になります。

[★3]. グローバルカラースウォッチについては、P116参照。InDesignの場合、プロセスカラースウォッチがIllustratorのグローバルカラースウォッチに相当する。

[★4]. 変換時に［Japan Color 2001 Coated］以外のカラープロファイルが使用されることになるため、このファイルはカラープロファイルを埋め込まずに保存する。

ブラックチャンネルを生成せずに［RGBカラー］を［CMYKカラー］に変換する

STEP1．［編集］メニュー→［プロファイル変換］を選択し、［プロファイル変換］ダイアログで［変換後のカラースペース：カスタムCMYK］に設定する

STEP2．［カスタムCMYK］ダイアログの［色分解オプション］で［墨版生成：なし］に変更して、［OK］をクリックする

STEP3．［プロファイル変換］ダイアログで［OK］をクリックする

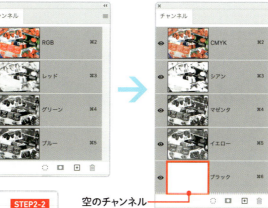

空のチャンネル

ブラックチャンネルが空の状態でシアン／マゼンタ／イエローに分解される。

イエローチャンネルを非表示もしくは空にすると、2色のインキで表現できる。

CHAPTER3 特色印刷のための入稿データ

　版の調整には、**調整レイヤー[チャンネルミキサー]**が便利です。**元画像を損なわずに使用しないチャンネルを空にできる**ほか、**他のチャンネルから要素を移動**できます。IllustratorやInDesignへの配置は、調整レイヤーを残したままでも可能[★5]なので、配置後もインキの配分を調整できます。

★5. 入稿データの場合、画像は統合することが推奨されている。作業中は調整レイヤーを残していても、入稿の際は統合しておくのが望ましい。

調整レイヤー[チャンネルミキサー]で分版する

STEP1.　[レイヤー]メニュー→[新規調整レイヤー]→[チャンネルミキサー]を選択する
STEP2.　プロパティパネルで[出力先チャンネル]を使用しないチャンネルに設定し、すべて[0%]に変更する
STEP3.　[出力先チャンネル]を使用するチャンネルに設定し、必要に応じて他のチャンネルの要素を移動する

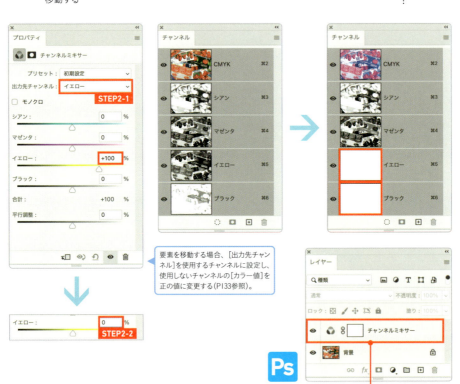

要素を移動する場合、[出力先チャンネル]を使用するチャンネルに設定し、使用しないチャンネルの[カラー値]を正の値に変更する(P133参照)。

調整レイヤー

KEYWORD
チャンネル

[カラー値]や選択範囲、マスク範囲などの情報を保存できる。チャンネルひとつひとつはグレースケール画像でできている。[カラーモード]によってチャンネルの構成が変わり、[グレースケール]や[モノクロ2階調]ではひとつ、[RGBカラー]と[CMYKカラー]の場合は合成チャンネルとカラー情報チャンネルがパネルに表示される。入稿データの作成において、版ごとに画像化できるチャンネルは、重要な役割を果たす。[CMYKカラー]の場合、チャンネル＝版、チャンネルの色＝インキと考えてかまわない。Photoshopファイルに特色情報を含める場合も、専用のチャンネル(スポットカラーチャンネル)に設定する。

KEYWORD
調整レイヤー

色調補正機能をレイヤー化したもの。元画像を保持できる、オン／オフをコントロールできる、設定を再編集できるなどのメリットがある。調整レイヤーを残したままでもレイアウトソフトに配置できるが、入稿の際は統合するのが望ましい。

出力見本をつくる 関連記事｜Photoshopファイルに特色情報を含める P118

　作業に使用したのは仮のインキなので、実際に使用する特色インキの色とは異なります。インキの取り違えや仕上がりイメージのずれなどが起こらぬよう、**出力見本**を添える必要があります。出力見本の作成には、**Photoshop**が便利です。**チャンネルパネル**を利用すれば、**版ごとの画像化**が簡単におこなえるためです。

　汎用性が高いのは、**べた塗りレイヤー**を利用する方法です。チャンネルから選択範囲を作成してべた塗りレイヤー化し、［描画モード：乗算］で重ねると、印刷の色をシミュレーションできます。べた塗りレイヤーの色を変更すれば、インキの変更も可能です。さらに、べた塗りレイヤーの色を［K：100％］に変更すると、**黒1色の入稿データ**（P110）★6にもなります。

★6.　入稿データとして使用する可能性がある場合は、［解像度］を印刷に適した値に設定する。

★7.　入稿データが画像の場合（Photoshop形式など）、この操作は入稿データの複製ファイルに対しておこなう。入稿データがIllustratorファイルやPDFファイルの場合、Photoshopで開いた時点でそれとは別のファイルとして扱われるため、保存しても元の入稿データには影響しない。

★8.　［command(Ctrl)］キーで選択できるのは、チャンネルの白の部分なので、反転して黒の部分の選択範囲に変更する。

Photoshopのべた塗りレイヤーを利用して出力見本をつくる

STEP1.　Photoshopで入稿データを開き★7、［PDFの読み込み］ダイアログでページを選択し、［モード：CMYKカラー］に設定して、［OK］をクリックする

STEP2.　チャンネルパネルのサムネールを［command(Ctrl)］キーを押しながらクリックして、選択範囲を作成し、［選択範囲］メニュー→［選択範囲を反転］で選択範囲を反転する★8

STEP3.　［レイヤー］メニュー→［新規塗りつぶしレイヤー］→［べた塗り］を選択し、［カラーピッカー（べた塗りのカラー）］ダイアログで［カラーライブラリ］をクリックする

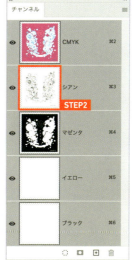

CHAPTER3 特色印刷のための入稿データ

STEP4. [カラーライブラリ]ダイアログで[ライブラリ]を選択し、リストから使用する特色インキを選択して、[OK]をクリックする

STEP5. チャンネルごとにSTEP2からSTEP4の操作を繰り返して、べた塗りレイヤーを作成[*9]したあと、[描画モード:乗算]に変更する

★9. 作成したべた塗りレイヤーを非表示にしたあと、チャンネルから選択範囲を作成する。

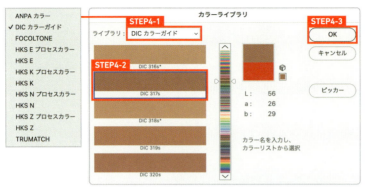

作成した出力見本

べた塗りレイヤー

[乗算]に変更するのは、オーバープリントを反映させるため。すべてがノックアウトの場合は[通常]のままでOK。なお、合成自体は[CMYKカラー]でおこなわれるため、正確な色にはならない。色の目安程度。

KEYWORD

出力見本(しゅつりょくみほん)

別名:印刷見本

入稿データの体裁を確認するための見本。入稿データをPostScript対応プリンターで、トンボつきの原寸大で出力したものが望ましいとされるが、印刷通販ではJPEG形式の画像やPDFファイルなどによる代用を認めているところも多い。出力見本は「サイズや、文字や図柄の位置などを確認する」と「色みを確認する」の2つの役割を担っていると思われがちだが、印刷所によっては、色みの参考にはしないところもある。出力見本による厳密な色合わせを望む場合は、「色見本として使用」などと書き添えておく必要がある。ただし、そのコストが印刷料金に含まれていないなどの理由で、色合わせ自体が不可のところもある。

KEYWORD

マルチチャンネル

別名:マルチチャンネルモード

Photoshopの[カラーモード]の一種。この[カラーモード]に変換すると、チャンネルはアルファチャンネルをのぞき、すべてスポットカラーチャンネルに変換される。このとき、合成チャンネルは破棄される。チャンネルの重ね順の変更ができるのはこの[カラーモード]のみ。保存できるファイル形式は、Photoshop形式、ビッグドキュメント形式、汎用フォーマット、DCS2.0形式に限られる。特色印刷の入稿データ作成に使用することがある。

Photoshopには、**[マルチチャンネル]**という[カラーモード]があります。これに変換すると、**チャンネルで使用する色を特色インキに変更できるため**[★10]、**印刷結果をシミュレーション**できます。ただし、保存形式がPhotoshop形式やDCS2.0形式など特殊なものに限られ、JPEG形式などの汎用性が高い形式では保存できません[★11]。出力見本として添える場合は、スクリーンショットを撮影するとよいでしょう。

Photoshopのスポットカラーチャンネルで出力見本をつくる

STEP1. Photoshopで[モード：CMYKカラー]に設定して入稿データを開き、[イメージ]メニュー→[モード]→[マルチチャンネル]を選択し、スポットカラーチャンネルに変換する

STEP2. チャンネルパネルでスポットカラーチャンネルをダブルクリックして[スポットカラーチャネルのオプション]ダイアログを開き、[カラー]をクリックする

STEP3. [カラーライブラリ]ダイアログで[ライブラリ]を選択し、リストから使用する特色インキを選択して、[OK]をクリックする

STEP4. [スポットカラーチャネルのオプション]ダイアログで[OK]をクリックする

★10. スポットカラーチャンネルに特色インキを設定すると、FinderやBridgeのサムネールに正確な色が反映されない（使用する色を基本インキCMYKで設定した場合は反映される）。なお、スポットカラーチャンネルを保持しつつ、[CMYKカラー]に戻すことも可能（P119参照）。

★11. InDesignに配置すると、JPEG形式などで書き出せる。

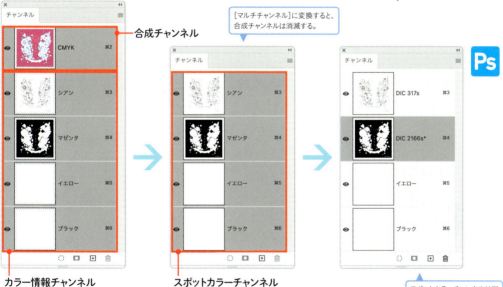

[マルチチャンネル]に変換すると、合成チャンネルは消滅する。

スポットカラーチャンネルは削除可能。ただし、チャンネルがひとつの場合、チャンネルの色は画面のプレビューに反映されず、グレースケール表示になる。最低2つあれば反映されるので、誤って削除した場合は、チャンネルパネルのメニューから[新規スポットカラーチャンネル]を選択し、空のスポットカラーチャンネルを追加する。

[カラーライブラリ]ダイアログの内容は、左ページと同じ。

3-3 入稿データのつくりかた② 黒1色で作成する

特色印刷の入稿データは、黒1色で作成することもできます。[カラーモード：グレースケール]で編集できるソフトウエアなら作業できる反面、仕上がりを予想しにくい、2色以上になると混乱する、といった問題もあります。

黒1色でつくるメリット

インキがのる部分を黒、のらない部分を白または透明で描画して、特色印刷の入稿データを作成できます。Photoshop ElementsやCLIP STUDIO PAINTなど、[カラーモード：グレースケール]で編集できるソフトウエア[★1]なら作業でき、つぶしのきく方法です。難点は、**仕上がりの予想がつきにくいこと**と、[カラー値：100%]どうしの重なりがわかりにくいことです。

入稿データを黒1色でつくる

Illustrator[★2]やInDesignで黒1色の入稿データを作成する場合、色を**Kインキのみで指定します**。[100%]で印刷する部分は[K：100%]、印刷しない部分は[K：0%]に設定します。Kインキの[カラー値]がそのまま特色インキの**網点%**になるため、色が淡い部分は[K：50%]などに設定します。ただし、**[K：100%]以外は網点化**されるため、均質な塗りやクリアなエッジにはなりません。細かい文字や極細の線などは、網点化により**可読性が低下**したり、**線が途切れて見える**ことがあります。これらの点を考慮したうえで指定しましょう。

★1．[CMYKカラー]で編集できないソフトウエアにも、[グレースケール]はたいてい用意されている。[モノクロ2階調]でも作業できる。

★2．Illustratorの場合、[カラーモード:CMYKカラー]のファイルでKインキのみを使用して作成する。配置画像は、[グレースケール]や[モノクロ2階調]のほか、ブラックチャンネルのみを使用した[CMYKカラー]もOK。

入稿データ

印刷結果

特色1色刷りの入稿データとその印刷結果（シミュレーション）。[K：100%]の部分が[特色インキ（赤）：100%]で印刷される。

Photoshopの場合、[カラーモード：グレースケール]に設定したファイルで、**黒**[★3]、**白**、または**グレー**で塗り分けます。Illustratorのように、[**CMYKカラー**]のファイルで**ブラックチャンネルのみを使用**してもOKです。

なお、漫画原稿などに使用される[**モノクロ2階調**]の画像は、そのまま特色印刷の入稿データとして使えます。この[カラーモード]では**黒と白のピクセルだけで図柄を表現**するため、350ppiのグレースケール画像と同等のディティールを保つには、**原寸で600ppi以上の[解像度]が必要**です。

[★3]. 黒は[K：100％]、白は[K：0%]を指す。

[★4]. 調整レイヤー[白黒]も黒1色に変換できる。ただし、使用できるのは[カラーモード：RGBカラー]の場合に限られる。必要に応じて[カラーモード]を印刷に適したものに変更する。

Photoshopでカラー画像を黒1色に変換する

カラー画像を黒1色に変換する場合、Photoshopでファイルを[カラーモード：グレースケール]に変換する方法もありますが、[CMYKカラー]のまま**調整レイヤーで黒1色に変換**すると、色の情報を残せるので、あとあとの調整も融通がききます。変換に使える調整レイヤーは、[**チャンネルミキサー**]や[**色相・彩度**]などがあります[★4]。

調整レイヤー[チャンネルミキサー]で黒1色に変換する

STEP1. [レイヤー]メニュー→[新規調整レイヤー]→[チャンネルミキサー]を選択する
STEP2. プロパティパネルで[モノクロ]にチェックを入れたあと、スライダーで各チャンネルの影響力を調整する

[モノクロ]にチェックを入れた状態。プロパティパネルのデフォルトで[出力先チャンネル]として選択されていたシアンチャンネルをモノクロ化した状態になる。

各チャンネルの要素の出かたを調整すると、コントラストのあるモノクロ画像になる。

背景を明るくするには[シアン]を減らす、花びらのエッジをはっきりさせるには[マゼンタ]を増やす、といった具合に、元画像の色から必要な要素の見当をつけることができる。

CHAPTER3 特色印刷のための入稿データ

調整レイヤー［色相・彩度］で黒1色に変換する

STEP1. ［レイヤー］メニュー→［新規調整レイヤー］→［色相・彩度］を選択する

STEP2. プロパティパネルで［色彩の統一］にチェックを入れたあと、［彩度：0］に変更する

［色相・彩度］だけではぼんやりとした仕上がりになるため、［レベル補正］などを併用してコントラストを調整するとよい。

★5. ツールパネルの［描画色と背景色を初期設定に戻す］では、［K：100%］の［描画色］にはならない。［カラーピッカー］ダイアログで[C：0%／M：0%／Y：0%／K：100%]に変更する必要がある。

描画色と背景色を初期設定に戻す

調整レイヤー［グラデーションマップ］で黒1色に変換する

STEP1. ［描画色：黒(K：100%)］★5［背景色：白(K：0%)］に設定する

STEP2. ［レイヤー］メニュー→［新規調整レイヤー］→［グラデーションマップ］を選択する

STEP3. プロパティパネルで［方法：クラシック］に設定したあと、グラデーションをクリックして［グラデーションエディター］ダイアログを開き、［カラー分岐点］や［カラー中間点］のスライダーでコントラストを調整する

［方法：クラシック］以外に設定すると、［描画色：黒(K：100%)］でも各チャンネルに色がバラける。

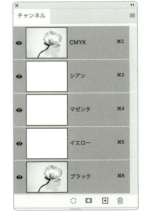

［カラー分岐点］に[C：100%]を設定すると、シアンチャンネルに集めることもできる。

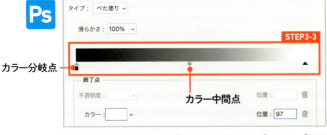

調整レイヤー

デフォルトのグラデーションは［描画色から背景色へ］なので、［描画色：黒(K：100%)］［背景色：白(K：0%)］に設定されていれば、調整レイヤー［グラデーションマップ］を作成した段階で、ブラックチャンネル以外が空になる。バラける場合は、［描画色］が[K：100%]になっていない。その場合は［カラー分岐点］を選択し、［カラー］で色を変更する。

Illustratorでオブジェクトを黒1色に変換する

Illustratorのメニューでオブジェクトを黒1色に変換する[★6]こともできます。[グレースケールに変換]と[オブジェクトを再配色]のどちらを使用しても、Kインキは同じ[カラー値]になります。[カラーバランス調整]の場合、スライダーでKインキの[カラー値]を調整できます。なお、[グレースケールに変換]と[カラーバランス調整]は、**埋め込み画像**に対しても適用できます。

★6. オブジェクトを選択し、カラーパネルのメニューから[グレースケール]を選択して表示を切り替えても、黒1色に変換できる。ただしこれが可能なのは、選択したパスがひとつ、複数選択の場合はすべて同色の[塗り]と[線]が設定されていることが条件。色が異なる複数のパスで構成されたオブジェクトを選択した場合、メニュー自体を選択できない。

[グレースケールに変換]で黒1色に変換する

STEP1.　オブジェクトを選択する
STEP2.　[編集]メニュー→[カラーを編集]→[グレースケールに変換]を選択する

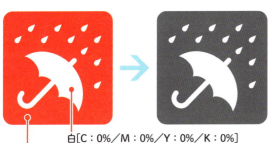

カラーパネルはグレースケール表示になる。

白[C：0%／M：0%／Y：0%／K：0%]
赤[C：0%／M：100%／Y：100%／K：0%]

[オブジェクトを再配色]で黒1色に変換する

STEP1.　オブジェクトを選択し、[編集]メニュー→[カラーを編集]→[オブジェクトを再配色]を選択し、ダイアログで[詳細オプション]をクリックする[★7]
STEP2.　[オブジェクトを再配色]ダイアログで[編集]をクリックし、[調整スライダーのカラーモード]を[色調調整]に変更する
STEP3.　[彩度：-100%]に変更し、[OK]をクリックする

★7. コントロールパネルのアイコンをクリックして開くことも可能。

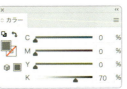

カラーパネルはCMYK表示のままだが、[グレースケールに変換]と結果は同じ。

調整スライダーのカラーモード

CHAPTER3 特色印刷のための入稿データ

[カラーバランス調整]*8で黒1色に変換する

STEP1. オブジェクトを選択し、[編集]メニュー→[カラーを編集]→[カラーバランス調整]を選択する

STEP2. [カラー調整]ダイアログで[カラーモード：グレースケール]に変更し、[変換]にチェックを入れて[OK]をクリックする

[ブラック]でKインキの[カラー値]を調整できる。正の値に設定すると、白い部分にもKインキが入る。

ブラック：-50%　　ブラック：50%

★8. [カラーバランス調整]は、[カラー値]を単純に加算・減算する機能。たとえば[シアン：10%]に変更すると、白[C：0％／M：0％／Y：0％／K：0％]の部分は[C：10％／M：0％／Y：0％／K：0％]になる。

PhotoshopやIllustratorのメニューで黒1色に変換する場合、忘れてはならない注意点があります。それは、**変換したものをそのまま入稿データとして使うと思い通りの結果にならない**おそれがある*9という点です。たとえば、[C：0％／M：100％／Y：100％／K：0％]の赤は[K：70％]に変換されますが、これを入稿データとして赤インキで印刷すると、[70％]で印刷されるため、淡い赤になります。メニューで変換したら、**[100%]で表現する部分が黒または黒に近い色になっているか**点検し、必要に応じて色調を補正したり、**[K：100%]**になるよう個別に調整します。

★9. カラー印刷用の入稿データを、ソフトウエアのメニューで[グレースケール]に変換し、そのまま入稿したときに発生しがちなミス。カラーのロゴなどはとくに注意する。

入稿データ　　印刷結果

[K：70%]の部分は[特色インキ：70%]で印刷されるため、網点化され、インキ本来の色にならない。

[K：100%]の部分は[特色インキ：100%]で印刷されるため、インキ本来の色になる。

■ 印刷に使用する特色インキの色

2色以上の入稿データを黒1色でつくる場合

　使用する特色インキが2色以上の場合、入稿データを最初から黒1色でつくるのはなかなか困難です。ひとまず1色目は黒（Kインキ）、2色目以降は適当な色をあてて作業し、最終的にすべて黒に変更するのが現実的な解決策でしょう。IllustratorやInDesignの場合、インキごとに**グローバルカラースウォッチ**★10を作成し、それで色を設定しておくと、最終的な黒への変換が簡単です★11。

　Photoshopでは、**チャンネルをグレースケール画像として書き出せます**。P104のように基本インキCMYKに振り分けて作業したあと、Photoshopで開いてチャンネルごとに画像化し、黒1色の入稿データに仕上げる方法もあります。Photoshopで開く際、**印刷に耐える[解像度]**になるよう注意しましょう。

★10. オーバープリントによる掛け合わせは、グローバルカラースウォッチでは正確に再現できない。[カラータイプ：特色]に設定して特色スウォッチ化すると、正しく反映される。ただし、特色スウォッチはトラブルの原因になりやすいため、最終的に黒に変更する際、[カラータイプ：プロセスカラー]に変更してグローバルカラースウォッチに戻すことを忘れないようにする。なお、まれにグレーアウトして[カラータイプ]を変更できなくなることもある。

★11. 入稿の際にインキごとのファイル分けが必要か、ひとつのファイルで入稿できるかは、印刷所の指示による。ひとつのファイルで入稿できる場合は、通常、インキごとにレイヤー分けが必要。レイヤー名には、インキ名を明記する。ファイル分けが必要な場合は、ファイル名にインキ名を明記する。

Photoshopでチャンネルごとに画像化する

STEP1. ファイルをPhotoshopで開き、チャンネルパネルのメニューから[チャンネルの分割]を選択する

STEP2. 分割によって生成されたグレースケール画像を保存する

基本インキCMYKに振り分けて作成したデザイン。

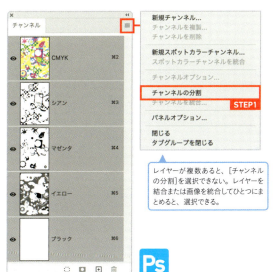

レイヤーが複数あると、[チャンネルの分割]を選択できない。レイヤーを結合または画像を統合してひとつにまとめると、選択できる。

シアンチャンネルの画像を黒インキ、マゼンタチャンネルを赤インキ、イエローチャンネルを黄土インキに置き換えて印刷すると、右の結果になる。印刷結果はシミュレーション。

CHAPTER3 特色印刷のための入稿データ

3-4 入稿データのつくりかた③ 特色情報をファイルに含める

特色スウォッチやスポットカラーチャンネルなどを使用した入稿データは、仕上がりとの色のずれがない、出力見本の作成が不要などのメリットがある反面、この方法で入稿できる印刷所が限られる、特色情報が出力トラブルの原因になるなどの問題もあります。

特色スウォッチとその読み込みかた

特色スウォッチは、IllustratorやInDesignで使用できるスウォッチの一種で、**特色番号**とその**見た目の色情報**が格納されています。基本インキCMYK同様、**ひとつの独立したインキ**として扱われ、スウォッチパネルに読み込んだり、ファイルで使用すると、**分版プレビューパネルに版が追加**されます。このように特殊な働きをするスウォッチなので、プロセスカラースウォッチやグローバルカラースウォッチなどと同じ感覚で使用しないように注意します。

特色スウォッチは、基本的に**スウォッチライブラリ**[★1]から読み込みますが、IllustratorとInDesignでは、読み込みかたが異なります。

※特色スウォッチライブラリの使用には注意が必要。単なる色見本のつもりで使用すると、思わぬトラブルを引き起こすことがある。

★1. 既存の特色インキに対応した特色スウォッチは、[スウォッチライブラリ]の[カラーブック]に収録されている。[DICカラーガイド]や[TOYO COLOR FINDER]などがある。

プロセスカラースウォッチ
グローバルカラースウォッチ
特色スウォッチ

KEYWORD
特色スウォッチ(とくしょく)

IllustratorとInDesignで使用できる、特色番号とその見た目の色情報をおさめたスウォッチ。サムネール右下の白い三角形に「・」が表示される。他のスウォッチと異なり、分版プレビューパネルに版が形成され、このスウォッチで色を設定するだけで、CMYKとは別の版に要素が移動する。他のスウォッチも[カラータイプ：特色]に変更すると特色スウォッチに変更できるが、トラブルを防ぐため、基本的にはスウォッチライブラリから読み込んで使う。

KEYWORD
プロセスカラースウォッチ

[カラータイプ：プロセスカラー]に設定されているスウォッチ。プロセスカラーは基本インキCMYKで表現する色のこと。グローバルカラースウォッチもプロセスカラースウォッチに含まれる。スウォッチの色は[CMYKカラー]以外の[カラーモード]でも設定できるが、最終的にCMYK表示に変換される。Illustratorではスウォッチの設定を変更しても、このスウォッチを設定したオブジェクトの色には影響しない。

KEYWORD
グローバルカラースウォッチ

[カラータイプ：プロセスカラー]に設定され、かつ[グローバル]にチェックが入っているスウォッチ(Illustratorのみ)。サムネール右下に白い三角形が表示される。スウォッチの設定を変更すれば、このスウォッチを設定したオブジェクトの色も同期する。このスウォッチで色を指定しておけば、色の見通しがついていない段階でも、作業を進めることができる。

Illustratorで特色スウォッチを読み込む

STEP1. ［ウィンドウ］メニュー→［スウォッチライブラリ］→［カラーブック］→［DICカラーガイド］[★2]を選択する

STEP2. ［DICカラーガイド］パネルでスウォッチをクリックする

★2. 任意の特色スウォッチライブラリを選択する。他の特色スウォッチライブラリも、同様にして開くことができる。

特色スウォッチをクリックすると、スウォッチパネルに追加される。

スウォッチライブラリメニュー

［カラーブック］は、［スウォッチライブラリメニュー］からもアクセスできる。

InDesignで特色スウォッチを読み込む

STEP1. スウォッチパネルのメニューから［新規カラースウォッチ］を選択する

STEP2. ［新規カラースウォッチ］ダイアログで［カラーモード：DIC Color Guide］を選択し、リストからスウォッチを選択して、［OK］をクリックする

［カラーモード］で［DIC Color Guide］などの特色スウォッチのライブラリを選択すると、自動で［カラータイプ：特色］に設定される。［OK］ではなく［追加］をクリックすると、スウォッチパネルに特色スウォッチが追加されたあとも、ダイアログが閉じない。複数のスウォッチをまとめて追加するときに便利。

特色スウォッチの管理

関連記事｜[色分解]でカラースペースを設定する P155

特色スウォッチは、可能ならば**使用するものが決まってから読み込む**ことをおすすめします。読み込むだけで版が形成されてしまううえ、試行錯誤の段階で読み込むと、似たような色のスウォッチが並び、選択を間違えるおそれがあります[★3]。やむをえず候補を読み込む場合は、定期的に**未使用スウォッチを削除**して、スウォッチパネルを整理するとよいでしょう。

未使用スウォッチを削除する（Illustrator[★4]）

STEP1. スウォッチパネルのメニューから[未使用項目を選択]を選択する
STEP2. [スウォッチを削除]をクリックし、警告ダイアログで[はい]をクリックする

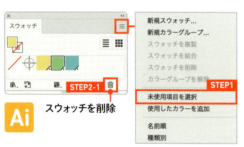

他のスウォッチも[スウォッチオプション]ダイアログ（InDesignは[スウォッチ設定]ダイアログ）で**[カラータイプ：特色]**に変更[★5]すると、特色スウォッチと同じ扱いになりますが、自作の特色スウォッチはトラブルの原因となりやすいため、注意が必要です。特色スウォッチは、基本的にはスウォッチライブラリから読み込んで使います。

Photoshopファイルに特色情報を含める

関連記事｜出力見本をつくる P107

Photoshopの場合、特色情報を保存できるのは、**スポットカラーチャンネル**か、**[カラーモード：ダブルトーン]**のファイルです。スウォッチパネルのメニューから[DIC Color Guide]などのスウォッチを読み込めますが、こちらはあくまで擬似色で、使用しても特色情報として認識されません（P125参照）。

スポットカラーチャンネルは、[カラーモード：モノクロ2階調]以外なら作成できますが、[グレースケール]の画像に色要素が含まれると混乱のもとになるため、通常は**[CMYKカラー]**で作成します。

★3. InDesignにはPDF書き出し時に、誤使用の特色スウォッチを本来使用する特色スウォッチに置き換える、インキエイリアスという機能がある。P156参照。

★4. 未使用スウォッチの削除は、InDesignでも可能。その場合、[未使用をすべて選択]を選択し、[選択したスウォッチ／グループを削除]をクリックする。警告ダイアログは表示されない。

★5. 特色スウォッチには、オーバープリントが正確に反映されるというメリットがあるため、グローバルカラースウォッチを一時的にこちらに変更して作業する方法もある。ただし、Illustratorの場合、特色スウォッチのオーバープリントは、そのままではPhotoshop形式やJPEG形式などの画像書き出しには反映されない。出力見本が画像で必要な場合は、Illustratorでラスタライズするか、スクリーンショットを撮影する。InDesignに配置して画像書き出しすると反映されるため、こちらを利用する手もある。

グローバルカラースウォッチ

オーバープリント　乗算

特色スウォッチ

オーバープリント　乗算

> **KEYWORD**
> **スポットカラーチャンネル**
>
> Photoshopのチャンネルの一種。特色番号と色の見た目の情報を保存できる。Photoshopでは特色を「スポットカラー」と呼ぶ。既存の特色インキを選択すると、特色番号がチャンネル名となり、チャンネルの画像は特色インキの色で表現される。[不透明度]を設定でき、デフォルトは[0%]だが、[100%]に変更すると不透明インキをシミュレーションできる。

Photoshopでスポットカラーチャンネルを作成する

STEP1. チャンネルパネルのメニューで[新規スポットカラーチャンネル]を選択する

STEP2. [新規スポットカラーチャンネル]ダイアログで[カラー]をクリックし、[カラーライブラリ]ダイアログで[ライブラリ：DICカラーガイド]を選択する

STEP3. リストから特色インキを選択し、[OK]をクリックしたあと、[新規スポットカラーチャンネル]ダイアログで[OK]をクリックする[★6]

★6. スポットカラーチャンネルに設定した特色情報は、いつでも変更できる。チャンネルパネルでダブルクリックすると、[スポットカラーチャネルのオプション]ダイアログが開き、再編集できる。

P109では、既存のチャンネルをスポットカラーチャンネルに変換して出力見本を作成しました。この方法で入稿データをつくることもできますが、[カラーモード：マルチチャンネル]では入稿できない場合、**[CMYKカラー]に戻す**必要があります[★7]。

★7. [CMYKカラー]に戻しても、そもそもスポットカラーチャンネルを含むファイルを入稿データとして使えない印刷所もあるため、入稿マニュアルで確認すること。

[マルチチャンネル]を[CMYKカラー]に戻す

STEP1. チャンネルパネルのメニューから[新規スポットカラーチャンネル]を選択して、ダミーのスポットカラーチャンネルを作成する

STEP2. STEP1の操作を3回繰り返し、作成した4つのスポットカラーチャンネルをチャンネルパネルの上に移動する

STEP3. [イメージ]メニュー→[モード]→[CMYKカラー]を選択する

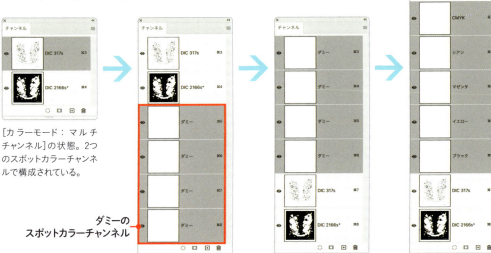

[カラーモード：マルチチャンネル]の状態。2つのスポットカラーチャンネルで構成されている。

ダミーのスポットカラーチャンネル

[CMYKカラー]に戻した状態。

CHAPTER3 特色印刷のための入稿データ

[カラーモード：ダブルトーン]では、**グレースケール画像**を複数のインキで表現します。黒の濃淡だけでは表現しにくい階調を他のインキで補い、深みのある画像に仕上がるため、モノクロの写真集などで使われることがあります。カラー画像の場合、いったんグレースケール画像に変換するため、写真の色情報は失われます。入稿データの配置画像に、特色情報を含める用途で使うこともあります。

★8. [インキ1]のサムネールをクリックすると[カラーピッカー（インク1カラー）]ダイアログが開く場合は、その中の[カラーライブラリ]をクリックすると、[カラーライブラリ]ダイアログを開ける。

[カラーモード：ダブルトーン]のファイルに特色情報を含める

STEP1. [イメージ]メニュー→[モード]→[グレースケール]でグレースケール画像に変換する

STEP2. [イメージ]メニュー→[モード]→[ダブルトーン]を選択し、[ダブルトーンオプション]ダイアログで[種類：ダブルトーン(1版)]に設定する

STEP3. [インキ1]のサムネールをクリックして★8[カラーライブラリ]ダイアログで特色インキを選択し、[OK]をクリックする

STEP4. [ダブルトーンオプション]ダイアログで[OK]をクリックする

CMYKカラー

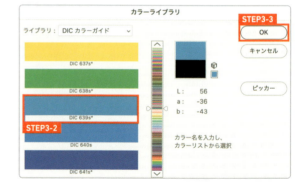

グレースケール

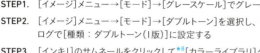

ダブルトーン

再編集する場合、再度[イメージ]メニュー→[モード]→[ダブルトーン]を選択すると、[ダブルトーンオプション]ダイアログが開く。また、[カラーモード：マルチチャンネル]に変換すると、スポットカラーチャンネルに分解できる。

［種類：ダブルトーン（2版）］で特色インキを2色設定した状態。

［ダブルトーンオプション］ダイアログでサムネール左側をクリックすると、［ダブルトーンカーブ］ダイアログが開き、トーンカーブでインキの出かたを調整できる。

TIFF画像に着色する

関連記事｜配置画像に着色できるTIFF形式 P63

★9. この方法で入稿できるか印刷所に確認する。

　IllustratorやInDesignの場合、配置画像が[**グレースケール**]または[**モノクロ2階調**]の**TIFF形式**であれば、**スウォッチで色を変更できる**ため、画像自体に特色情報を含めなくても、この方法で特色インキを指定できます★9。Illustratorの場合は他のオブジェクト同様、［選択ツール］で画像を選択し、スウォッチパネルで特色スウォッチを選択すれば設定できます。InDesignの場合、［選択ツール］で選択できるのはグラフィックフレームなので、［ダイレクト選択ツール］か、コンテンツグラバーで画像自体を選択してから、特色スウォッチを選択します。

グレースケールのTIFF画像

特色スウォッチの色が反映されるのは、画像の黒またはグレーの部分。

特色情報を入稿データに含める場合の注意点

★10. 印刷通販などに多い。自動で分解されることにより、意図しない色に変わってしまうこともあるため、入稿前に使用可能かどうかよく確認すること。

　特色印刷を請け負っている印刷所でも、**特色スウォッチやスポットカラーチャンネルを含む入稿データ**は受け付けていないところもあります。印刷所の入稿マニュアルでよく確認しましょう。その場合はたいてい、基本インキCMYKへの振り分けや、黒1色で入稿データを作成することで対処できます。また、**RIP処理時に特色スウォッチを自動で基本インキCMYKに分解**する印刷所もあり★10、この場合も使用できません。P94の自動墨ノセと同様の事情です。

KEYWORD

ダブルトーン

カラーモードの一種。グレースケール画像を複数のインキで表現する。ひとつのインキでは表現しにくい色域を他のインキで補えるため、深みのある画像になる。インキは4色まで設定できる。配置画像に特色情報を含める用途で使うことがある。

CHAPTER3 特色印刷のための入稿データ

3-5 特色インキどうし、あるいは基本インキCMYKとの混色

インキを掛け合わせると、表現できる色の幅が広がります。Illustrator やInDesignの機能を利用すると、インキの掛け合わせを保存したり、オブジェクトに効率よく設定できます。

混色のメリットと注意点

印刷に用いるインキが2色に限られていても、**掛け合わせ（混色）**[★1]によって、さまざまな色を表現できます。たとえば、ピンクと水色なら、掛け合わせで淡い紫も表現できます。基本インキCMYKと蛍光ピンクは、コミックスのカバーやグラビア雑誌の表紙でよく使われる組み合わせですが、蛍光ピンクを掛け合わせることにより、基本インキCMYKだけではくすみがちな肌を明るく仕上げたり、ビビッドな暖色をつくることができます。

特色インキの掛け合わせを、**透明オブジェクト**が関係するところに使う場合は、注意が必要です。**透明の分割・統合**によって、一部または全部が**画像化**されてしまうと、意図しない結果になるおそれがあるためです[★2]。

ピンクと水色の掛け合わせで、影や茎、芽の色を表現した例。

★1. インキの掛け合わせを理解するには、基本インキCMYKのうち2つを使用して色をつくってみるとよい。CインキとMインキの掛け合わせだけでも、これだけの色を表現できる。

★2. 掛け合わせでも単独でも、特色スウォッチと透明オブジェクトの併用は注意が必要。

InDesignの混合インキスウォッチを使う

InDesignでは、特色インキどうし、または特色インキと基本インキCMYKとの掛け合わせをスウォッチ化（**混合インキスウォッチ**）できます。スウォッチで色を設定するだけで、いつでも同じ掛け合わせを再現できるので、とても便利です。パネルメニューの**[新規混合インキスウォッチ]**は、スウォッチパネルに特色スウォッチが存在する場合のみ選択できます。

> **KEYWORD**
> 混合（こんごう）インキスウォッチ
>
> InDesignのスウォッチの一種。特色インキどうし、または特色インキと基本インキCMYKとの掛け合わせを保存できる。ただし、スウォッチパネルに特色スウォッチが存在する場合のみ作成可能。

混合インキスウォッチを作成する

STEP1. スウォッチパネルのメニューから[新規混合インキスウォッチ]を選択する
STEP2. [新規混合インキスウォッチ]ダイアログでインキを選択し、それぞれの[カラー値]を設定し、[OK]をクリックする★3

★3. 作成したスウォッチをダブルクリックすると、[スウォッチ設定]ダイアログが開き、再編集できる。

左端の□をクリックすると、[100%]で設定される。スライダーで[カラー値]を調整する。

Illustratorのグラフィックスタイルで管理する

Illustratorの場合、InDesignの混合インキスウォッチのような便利な機能はないため、少し工夫が必要です。掛け合わせは、**アピアランス**を利用すると可能です。

アピアランスで基本インキCMYKと特色インキを掛け合わせる

STEP1. アピアランスパネルで[塗り]に基本インキCMYKで色を設定する
STEP2. [新規塗りを追加]をクリックして、追加した[塗り]に特色スウォッチを設定し、属性パネルで[塗りにオーバープリント]にチェックを入れる★4
STEP3. カラーパネルで[カラー値]を調整する

★4. オーバープリントは上の[塗り]に設定する。[塗り]は選択した項目の上に追加されるため、手順どおりに作業すると、新規[塗り]は既存の[塗り]の上に追加される。

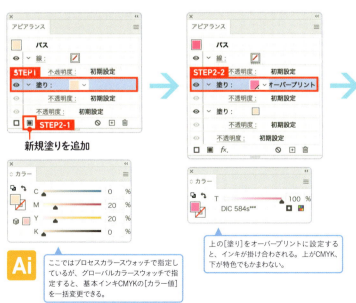

上の[塗り]をオーバープリントに設定すると、インキが掛け合わされる。上がCMYK、下が特色でもかまわない。

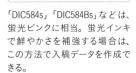

「DIC584s」「DIC584Bs」などは、蛍光ピンクに相当。蛍光インキで鮮やかさを補強する場合は、この方法で入稿データを作成できる。

123

CHAPTER3 特色印刷のための入稿データ

　掛け合わせを**グラフィックスタイル**としてプリセット化すると、同じ掛け合わせを他のオブジェクトに簡単に適用できます。また、グラフィックスタイル作成後も設定を再編集できます。ただし、グローバルカラースウォッチなどと異なり、更新するまでは適用済みオブジェクトに反映されません[★5]。

★5. 基本インキCMYKで表現する色は、グローバルカラースウォッチで管理しておくと、その色についてはグラフィックスタイルを更新しなくても、リアルタイムで更新できる。

グラフィックスタイルとしてプリセット化する

STEP1. オブジェクトを選択する[★6]か、アピアランスパネルで掛け合わせを設定する
STEP2. グラフィックスタイルパネルで[新規グラフィックスタイル]をクリックする

★6. オブジェクトを選択して登録した場合、登録と同時に、そのオブジェクトにも登録したグラフィックスタイルが適用される。

★7. グラフィックスタイルパネルでグラフィックスタイルを選択してもOK。

掛け合わせを変更し、グラフィックスタイルを更新する

STEP1. グラフィックスタイル適用済みのオブジェクトを選択する[★7]
STEP2. アピアランスパネルやスウォッチパネル、カラーパネルなどで変更を加えたあと、アピアランスパネルのメニューから[グラフィックスタイルを更新]を選択する

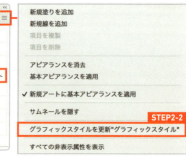

変更を加えると、アピアランスパネルのタイトル欄の[グラフィックスタイル]の表示が消える。変更が反映されるのは、選択したオブジェクトのみ。ここでは上の[塗り]の値を[50%]から[25%]に変更。

グラフィックスタイル適用済みのオブジェクトを選択すると、グラフィックスタイルも選択される。

[グラフィックスタイルを更新]を選択すると、グラフィックスタイルが更新され、適用済みのオブジェクトに変更が反映される。

グラフィックスタイルには、［線］の設定や［効果］メニューによる変形、［描画モード］などの**インキ以外の情報も保存**されます。掛け合わせのプリセットとして使う場合は、スウォッチの［カラー値］とオーバープリント以外の情報は含めないように注意します。

★8. 他のインキで代替された色。［カラーモード：CMYKカラー］の場合は基本インキCMYK、［RGBカラー］の場合は光の3原色RGBに分解される。

Photoshopで特色インキを掛け合わせる
関連記事｜チャンネルに描画する P131

Photoshopの場合、特色インキの掛け合わせをスウォッチに保存したりプリセット化する機能はありません。Photoshopの特色スウォッチは、あくまで擬似色[★8]です。そのため、特色インキを掛け合わせるためには、**スポットカラーチャンネル**の画像を直接操作することになります。チャンネルの画像は**［ブラシツール］**や**［消しゴムツール］**で**描画**でき、選択範囲を作成すると、**他のチャンネルの画像をコピー＆ペースト**できます。このようなチャンネルの操作については、P130で詳しく解説します。

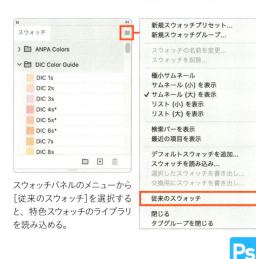

スウォッチパネルのメニューから［従来のスウォッチ］を選択すると、特色スウォッチのライブラリを読み込める。

［描画色：DIC584s］で描画したもの。

Photoshopの特色スウォッチは、基本インキCMYKに分解される。「DIC584s」は［C：0％／M：68％／Y：0％／K：0％］となるため、［ブラシツール］などでこのスウォッチを使用すると、マゼンタチャンネルに［68％］で描画される。

KEYWORD
グラフィックスタイル

オブジェクトの［塗り］や［線］、［効果］メニューによる変形などのアピアランスをプリセット化するIllustratorの機能。グラフィックスタイルパネルでプリセット化および適用できる。更新はアピアランスパネルでおこなう。

3-6 トラップを作成する

色の境界に、「トラップ」と呼ばれる重なりをつくって版ずれに備える処理があります。版ずれが起きやすい印刷方式では、この処理をおこなっておくと、仕上がりがきれいです。

トラップについて

色の境界に重なりをつくっておくと、版ずれが起きても紙の白地が露出しません。この処理を「**トラッピング**」、その重なりを「**トラップ**」と呼びます。トラップは、2色以上を使用したダンボールや紙袋の印刷に見つけることができます[*1]。黄色と緑の組み合わせなら黄色、赤と紺なら赤といった具合に、たいていの場合、明るい、または淡いほうのインキで重なりがつくられていることに気づくでしょう。

★1. 位置合わせの精度が低い印刷物を探すと見つけやすい。

トラップなし　　　版ずれ例

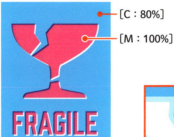

[C：80%]
[M：100%]

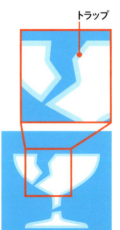

トラップ

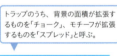

トラップのうち、背景の面積が拡張するものを「チョーク」、モチーフが拡張するものを「スプレッド」と呼ぶ。

トラップあり（チョーク）　　版ずれ例　　　トラップを作成した版　　トラップあり（スプレッド）

KEYWORD

トラップ

別名：かぶせ、　かませ、　細らせ、　太らせ、　逃げ

版ずれに備えて、色の境界にあらかじめ作成しておくインキの重なり。印刷の精度が低い場合に効果がある。通常のオフセット印刷などではたいていは不要。

Illustratorでは、[線]や専用の**メニュー**でトラップを作成できます。トラップの**要／不要**や**適切な幅**は、印刷所や印刷物の種類によって変わります。入稿マニュアルをよく読み、記載がない場合は事前に問い合わせるとよいでしょう。

なお、トラップは必ず作成しなければいけないものでもありません[★2]。カラー印刷（CMYK）の場合、多少の版ズレが起きても、共通するインキによって隙間が適度に補われます。また、機械の位置合わせの精度が高いため、不要、もしくはかえって邪魔[★3]となることがほとんどです。

カラー印刷（CMYK）の入稿データ（左）と版ずれ例（右）。ここまでずれることはほとんどないため、通常はトラップはあまり必要とされない。

Illustratorでトラップをつくる

シンプルなのは、[線]を利用したトラップ[★4]です。**オーバープリント**の[線]で面積を拡張し、重なりをつくるしくみです。色の境界が環状の場合は、オーバープリントの[線]を設定するだけで済みますが、複雑なトラップの場合は、**クリッピングマスク**も併用します。このほか、[効果]メニューで自動生成する方法もあります。

[線]でトラップを作成する

STEP1. トラップを作成するオブジェクトを最前面に複製し、[塗り：なし]に変更する
STEP2. 面積を拡張するオブジェクトと同じインキで[線]の色を設定したあと、[線の位置：線を内側に揃える]に設定する
STEP3. 属性パネルで[線にオーバープリント]にチェックを入れる

[★2.] トラップの効果があるのは、版ずれが発生しやすい孔版印刷や活版印刷で多色刷りをおこなう場合など。作成した場合は、その箇所に印を付けた出力見本などを添えるとよい。

[★3.] 印刷所が独自のルールにしたがって作成することもあり、その場合も不要。

[★4.] 条件によって、トラップの適切な作成方法は変わる。本書で解説したものはほんの一例。

上のオブジェクトの形状でトラップを作成する。

> 上のオブジェクトに直接オーバープリントの[線]を設定すると解決するように見えるが、オブジェクトを分けないと、オーバープリントが狙い通りに機能しない。

[線]の[カラー値]は背景と同じ値に設定したが、それより低めに設定してもかまわない。チョークトラップにするため、[線を内側に揃える]に設定している。

[線]をオーバープリントに設定すると、トラップになる。

CHAPTER3 特色印刷のための入稿データ

複雑な形状のトラップを作成する

STEP1. トラップを作成するオブジェクトを最前面に複製して[塗り：なし]に変更し、オーバープリントの[線]を設定する

STEP2. 隣接するオブジェクトを最前面に複製したあと、STEP1で複製したオブジェクトも選択する

STEP3. [オブジェクト]メニュー→[クリッピングマスク]→[作成]を選択して、クリッピングマスク[*5]で切り抜く

★5. クリッピングマスクについてはP67参照。

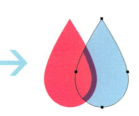

オブジェクトの重なりにトラップを作成する場合、前面のオブジェクト(左)を選択する。オーバープリントの[線]を設定し、前面のオブジェクトが侵食される場合は[線の位置：線を内側に揃える]、拡張する場合は[線を外側に揃える]に設定する。これをクリッピングマスクで切り抜くというしくみ。

[効果]メニューでトラップを作成する

STEP1. トラップに関係するオブジェクトをグループ化[*6]し、[効果]メニュー→[パスファインダー]→[トラップ]を選択する

STEP2. [パスファインダーオプション]ダイアログの[トラップ設定][*7]で[太さ]や[濃度の減少]を調整し、[OK]をクリックする

★6. 適用するには、関係するオブジェクトを事前にグループ化しておく。

★7. [逆トラップ]にチェックを入れると、反対側に作成される。

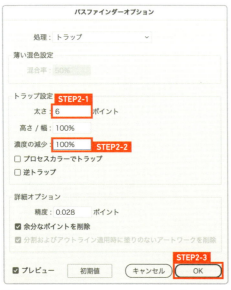

パスファインダーパネルのメニューの[トラップ]で作成することも可能。こちらの場合、トラップはパスで作成される。

このトラップは、アピアランスなので再編集できる。また、オブジェクトの色を変更すると、トラップの色もそれに合わせて変化する。

Photoshopでトラップをつくる

　Photoshopでトラップ[★8]を作成する場合、**選択範囲**を利用して**チャンネルの画像を操作**します。選択範囲の編集には、**クイックマスクモード**が便利です。選択範囲を画像として編集でき、黒の塗りつぶしを非選択範囲、白の塗りつぶしを選択範囲に変換できます。

クイックマスクモードを利用してトラップを作成する

- **STEP1.** ［選択範囲］メニュー→［クイックマスクモードで編集］を選択し、クイックマスクモードに切り替えたあと[★9]、チャンネルパネルでシアンチャンネルを［command(Ctrl)］キーを押しながらクリックして選択範囲を作成し、［選択範囲］メニュー→［選択範囲を反転］で反転する
- **STEP2.** ［選択範囲］メニュー→［選択範囲を変更］→［拡張］を選択し、［選択範囲を拡張］ダイアログの［拡張量］でトラップの幅を設定し、［OK］をクリックする
- **STEP3.** クイックマスクチャンネルを選択したあと、［編集］メニュー→［塗りつぶし］を選択し、［塗りつぶし］ダイアログで［内容：ブラック］に設定して、［OK］をクリックする
- **STEP4.** マゼンタチャンネルを［command(Ctrl)］キーを押しながらクリックして、選択範囲を作成する
- **STEP5.** クイックマスクチャンネルを選択し、［編集］メニュー→［塗りつぶし］を選択し、［塗りつぶし］ダイアログで［内容：ホワイト］に設定して、［OK］をクリックする
- **STEP6.** クイックマスクチャンネルを［command(Ctrl)］キーを押しながらクリックして選択範囲を作成したあと反転し、シアンチャンネルを選択して［編集］メニュー→［塗りつぶし］を選択し、［塗りつぶし］ダイアログで［内容：50%グレー］[★10]に設定して、［OK］をクリックする

★8. トラップの効果があるのは、単独のインキ（チャンネル）で表現された色の境界。赤[M：100%／Y：100%]と黄色[Y：80%]など、隣接する色が共通のインキを使用している場合は、版ずれが起きても目立ちにくいため、トラップを作成する必要はない。手動のほか、［イメージ］メニュー→［トラッピング］でも作成できる。

★9. 再度、［選択範囲］メニュー→［クイックマスクモードで編集］を選択すると、通常モードに戻る。通常モードに戻ると、クイックマスクチャンネルの画像は消滅する。

★10. [50%グレー]でなくともかまわない。トラップの濃淡を調整する場合は、［内容：カラー］を選択して、色を選択する。

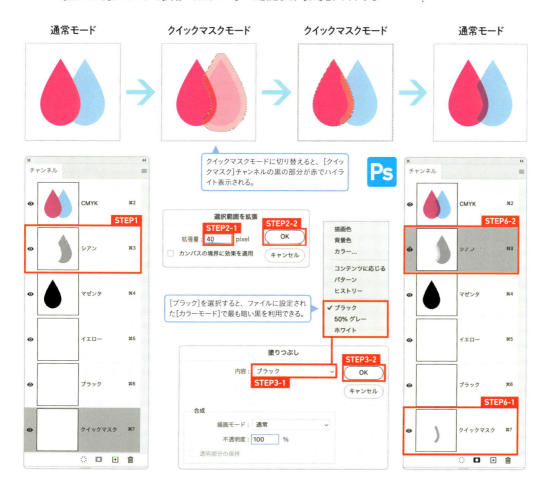

CHAPTER3 特色印刷のための入稿データ

3-7 Photoshopのチャンネルを操作する

Photoshopで入稿データを作成する場合、チャンネル=版と考えてOKです。チャンネルパネルを見れば、版の状態がわかりますし、チャンネルを思い通りに操作できれば、インキの範囲をコントロールできます。

Photoshopのチャンネルについて

　Photoshopで入稿データを作成する場合、チャンネルの理解は必須です[★1]。**チャンネルパネル**を見れば、印刷に使用する**インキと版の状態**がわかります。チャンネル=版と考えてもよいでしょう。チャンネルには、**カラー情報チャンネル**、**スポットカラーチャンネル**、**アルファチャンネル**の3つの種類があり、それぞれ性質が異なります。

　カラー情報チャンネルは、デフォルトのチャンネルです。チャンネルの画像は、そのまま印刷のための**版**[★2]になります。表示されるチャンネルは、**ファイルの[カラーモード]**に応じて変わります。[CMYKカラー]はシアン／マゼンタ／イエロー／ブラックの4つのチャンネルに加え、チャンネルパネルのいちばん上に**合成チャンネル**が表示されます。[グレースケール]はグレーチャンネル、[モノクロ2階調]はモノクロ2階調チャンネルのみが表示されます。

★1. 特色印刷の入稿データの場合、特定のカラー情報チャンネルに振り分けたり、スポットカラーチャンネルを利用することもあるため、チャンネルを理解することのメリットは大きい。

★2. 印刷用途の[カラーモード]である[CMYKカラー][グレースケール][モノクロ2階調][マルチチャンネル]の場合。

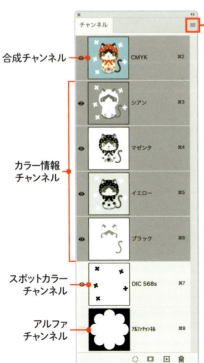

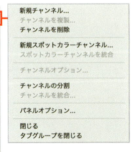

カラー情報チャンネルとスポットカラーチャンネルを表示。

すべてのチャンネルを表示。アルファチャンネルの黒の部分は、デフォルトは50%の赤で表示される。

カラー情報チャンネルのみを表示。スポットカラーチャンネルを含む画像をJPEG形式などで保存すると、スポットカラーチャンネルは削除され、この状態になる。

スポットカラーチャンネルは、**特色情報を保存**できるチャンネルで、カラー情報チャンネル同様、**ひとつの版として扱われます。**基本インキCMYKに特色インキを重ね刷りする場合、このチャンネルで特色用の版をつくります。

アルファチャンネルは、**選択範囲を保存**できるほか、InDesignファイルに配置する際、任意で**切り抜きマスク**として機能[★3]させることができます。なお、このチャンネルは版として扱われません。

スポットカラーチャンネルとアルファチャンネルは、**保存できるファイル形式**が限られています。保存できないファイル形式を選択すると破棄されるため、保存の際は注意しましょう。

ファイル形式	カラー情報チャンネル	スポットカラーチャンネル	アルファチャンネル
Photoshop形式	○	○	○
TIFF形式	○	○	○
JPEG形式	○	×	×
EPS形式	○	×	×
DCS2.0形式	○	○	×
PDF形式	○	○	○

※○は保存可能、×は破棄を示す。

★3. アルファチャンネルを切り抜きマスクとして使う方法については、P70参照。

★4. チャンネルパネルのメニューから[パネルオプション]を選択すると、サムネールのサイズを変更できる。大きめに表示すると見やすい。

★5. 「黒」で描画した部分は、[カラー値：100%]になる。「黒」を選択するには、カラーパネルでチャンネルに対応するインキを[100%]に設定する。

★6. 正確に[50%]に調整する場合は、カラーパネルでチャンネルに対応するインキを[50%]に設定して描画する。なお、スポットカラーチャンネルやアルファチャンネルを選択すると、カラーパネルが自動でグレースケール表示になる。Kインキの[カラー値]がそのまま特色インキの[カラー値]になる。

チャンネルに描画する

関連記事｜Photoshopで特色インキを掛け合わせる P125

チャンネルの画像は、**チャンネルパネルのサムネール**[★4]で確認できます。チャンネルパネルで特定のチャンネル以外を非表示にすると、チャンネルの画像をカンバスに表示できます。

チャンネルを選択した状態で、[ブラシツール]や[消しゴムツール]などを選択し、カンバスでドラッグすると、チャンネルの画像に**直接描画**できます。黒[★5]や**グレー**[★6]で描画すると、その部分にインキがのります。**白い部分はインキがのらず、透明**になります。チャンネルの画像には、選択範囲の作成やその塗りつぶしなどの操作のほか、[レベル補正]や[階調の反転]などの**[色調補正]メニュー**も使用できます。

レイヤー非選択

項目外（ここをクリックするとレイヤー非選択になる）

レイヤー選択済み

チャンネルに描画するには、「背景」またはレイヤーが選択されている必要がある。レイヤーパネルの項目外をクリックすると、何も選択されていない状態（左）になるため、チャンネルに描画できない。

CHAPTER3 特色印刷のための入稿データ

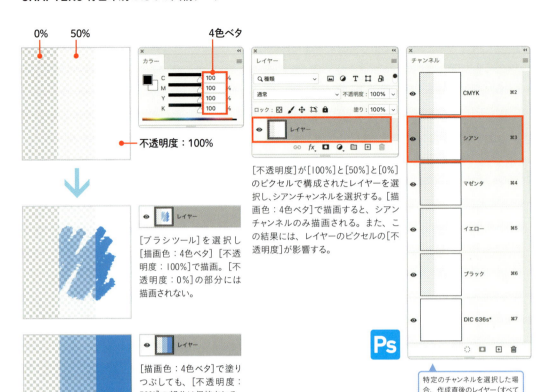

0%　50%　4色ベタ

不透明度：100%

[不透明度]が[100%]と[50%]と[0%]のピクセルで構成されたレイヤーを選択し、シアンチャンネルを選択する。[描画色：4色ベタ]で描画すると、シアンチャンネルのみ描画される。また、この結果には、レイヤーのピクセルの[不透明度]が影響する。

[ブラシツール]を選択し[描画色：4色ベタ][不透明度：100%]で描画。[不透明度：0%]の部分には描画されない。

[描画色：4色ベタ]で塗りつぶしても、[不透明度：50%]の部分は保持される。

特定のチャンネルを選択した場合、作成直後のレイヤー（すべてのピクセルが[不透明度：0%]の透明なレイヤー）を選択していると、描画できない。

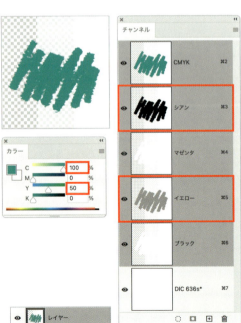

スポットカラーチャンネルを選択すると、カラーパネルはグレースケール表示になる。

特定のチャンネルを選択していない場合は、レイヤーのピクセルの[不透明度]は影響しない。[描画色]に含まれるインキとその[カラー値]で、チャンネルの画像をコントロールできる。Photoshopで新規ファイルを作成して、いきなり描画できるのは、デフォルトがこの状態になっているため。

スポットカラーチャンネルを選択した場合は、レイヤーのピクセルの[不透明度]は影響しない。ただし、スポットカラーチャンネルの画像は、レイヤーや「背景」には反映されない。

チャンネルの画像を他のチャンネルに移す
関連記事｜画像の色を基本インキCMYKに分解する P105

　基本インキCMYKに蛍光ピンクを追加して肌の色などを明るく仕上げる場合、**M（マゼンタ）版を複製**し、それに蛍光ピンクをあてるのが一般的なやりかたです[★7]。基本インキCMYKの範囲では、チャンネルの画像の複製や移動は**調整レイヤー[チャンネルミキサー]**が便利ですが、スポットカラーチャンネルは[チャンネルミキサー]の対象外なので、**チャンネルを直接複製**します。

★7. M（マゼンタ）版を蛍光ピンクで置き換える方法もある。蛍光ピンクは特色インキなので、スポットカラーチャンネルで指定する。

カラー情報チャンネルの画像を他のカラー情報チャンネルへ移す（例：[シアン]から[ブラック]へ）

STEP1. 　[レイヤー]メニュー→[新規調整レイヤー]→[チャンネルミキサー]を選択する
STEP2. 　プロパティパネルで[出力先チャンネル：ブラック]に設定し、[シアン：100%]に変更する
STEP3. 　プロパティパネルで[出力先チャンネル：シアン]に設定し、[シアン：0%]に変更する

基本インキCMYKに振り分けて2色刷り用の入稿データを作成する際（P104）、[RGBカラー]の画像を[CMYKカラー]に変換してみると、重要な部分が使用しないチャンネルに分解されることがある。その場合、この方法でチャンネルの画像を移動できる。

CHAPTER3 特色印刷のための入稿データ

カラー情報チャンネルの画像をスポットカラーチャンネルへ移す

STEP1. チャンネルパネルで複製元のチャンネルを[新規チャンネルを作成]へドラッグして複製[★8]する

STEP2. 複製したチャンネルをダブルクリックして、[チャンネルオプション]ダイアログを開き、[着色表示：スポットカラー]に変更したあと、[表示色]で特色インキを指定し、[不透明度：0%]に変更する

STEP3. 必要に応じて、作成したスポットカラーチャンネルを選択し、[イメージ]メニュー→[色調補正]→[明るさ・コントラスト]で調整する

★8. チャンネルパネルのメニューから[チャンネルを複製]を選択して複製することも可能。

マゼンタチャンネルを複製する。

複製したチャンネルを、スポットカラーチャンネルに変更する。

スポットカラーチャンネルの画像の明度で、特色の影響力を調整する。

新規チャンネルを作成

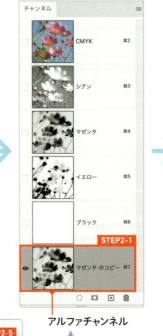
アルファチャンネル

複製したチャンネルは、アルファチャンネルになる。

チャンネルの画像の場合、「マスク範囲」は黒の部分、「選択範囲」は白の部分のこと。

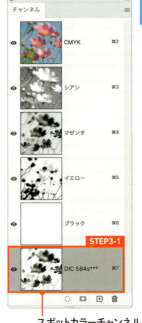
スポットカラーチャンネル

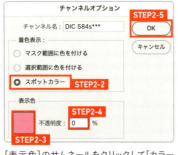
[表示色]のサムネールをクリックして[カラーピッカー]ダイアログを開き、[カラーライブラリ]をクリックして、特色インキを指定する。

[不透明度]はインキの透明度を設定する。[100%]の場合、不透明インキになる。スポットカラーチャンネルに変更する場合、通常は[0%]に設定する。

[トーンカーブ]や[レベル補正]などで調整してもかまわない。

134

調整レイヤーでシアン抜きする

　[カラーモード：RGBカラー]のイラストを[CMYKカラー]に変換すると、肌の色がくすんで見えることがあります[★9]。原因はたいてい、肌の部分に混入した1〜5%程度のCインキ[★10]です。これをカットすると、解決することがあります。

★9. 色白のキャラクターを描いた場合。

★10. Kインキもくすみの原因になる。

調整レイヤー[トーンカーブ]で[C：2%]までをカットする

STEP1. [レイヤー]メニュー→[新規調整レイヤー]→[トーンカーブ]を選択する
STEP2. プロパティパネルで[シアン]を選択し、トーンカーブ左下のポイント(■)を右へ水平にドラッグして、[入力：2][出力：0]に変更する

頬付近にカーソルを合わせて情報パネルで確認すると、Cインキが[2%]混入していることがわかる。

調整レイヤーにより、頬付近のCインキが[0%]に変更された。スラッシュ区切りの左が調整前、右が調整後。

下の入力欄は、トーンカーブのポイント(■)をドラッグすると表示される。[入力：2][出力：0]に設定すると、[0%]から[2%]までの部分はすべて[0%]に変更される。[2%]より高い、たとえば[5%]などは保持される。

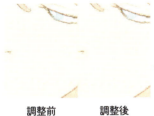

[C：2%]程度なら、隣接してようやく差がわかる程度だが、面積が広いと影響が大きいことがある。

調整前　　調整後

Cカラー値	0%	1%	2%	3%	4%	5%	10%
M：0% Y：0%							
M：7% Y：7%							
M：7% Y：15%							
M：10% Y：15%							

影響の範囲は、調整レイヤー[トーンカーブ]のレイヤーマスクで調整できる。

3-8 色の見た目の変更について

入稿データの場合、色の見た目を[カラー値]以外で変更するのは、危険が伴います。[不透明度]や[描画モード]は透明効果に分類されるうえ、自動墨ノセの影響を受けると意図しない結果になるためです。

[カラー値]と[不透明度]の違い

色の見た目は、[カラー値]と[不透明度]のどちらでも調整できるように見えます。基本インキCMYKで表現する場合、カラーパネルで最大4つの[カラー値]を調整しなければならないため、色を淡くするだけなら、透明パネルの[不透明度]のほうが手軽に感じられるかもしれません。[不透明度]を[100%]から[50%]に変更すると、色が淡くなったように感じますが、実際のところ変化したのはオブジェクトの[不透明度]であって、色自体は変化していません。

それでもまだ、白背景[★1]ならだいたい同じ結果になるのですが、**背景に何らかの色やオブジェクトがある**場合、結果が変わります。また、**透明効果**を使用することになるため、書き出しや保存時に分割・統合の対象になるおそれもあります。

色の見た目の変更は、面倒でも**カラーパネルの[カラー値]**か、グローバルカラースウォッチの場合は**[スウォッチオプション]ダイアログ**でおこなうようにしましょう。濃淡の調整であれば、**[command(Ctrl)]キー**または**[shift]キー**を押しながらスライダーをドラッグすると、**CMYK比を保持**したまま変更できます。なお、特色スウォッチやグローバルカラースウォッチの場合は、カラーパネルに表示されるインキはそも

★1. IllustratorやInDesignの作業画面では白背景に見えるが、実際は透明なので、保存したファイルをレイアウトソフトなどに配置すると、背景を透過する。オブジェクトに白の[塗り]を追加して白背景をつくるか、[背景:ホワイト]でラスタライズすれば透明部分はなくなるが、このような手間をかけるくらいなら、[不透明度]を使用せずに[カラー値]で変更したほうがよい。

[不透明度:100%]以外に変更すると、背景を透過する。

そも1色だけなので、[カラー値]による濃淡の調整はそれほど面倒ではありません。このほかIllustratorには、[**編集**]メニュー→[**カラーを編集**]の[**オブジェクトを再配色**]★2や[**彩度調整**]などのメニューがあり、これらを利用すると、CMYK比を保持しながら、複数のオブジェクトの[カラー値]をまとめて調整できます。

★2. [オブジェクトを再配色]については、P113参照。

IllustratorやInDesignの特色スウォッチやグローバルカラースウォッチは、カラーパネルでCMYK比を維持しながら[カラー値]を変更できる。InDesignの場合、変更後の[カラー値]も表示される。

変更後の[カラー値]

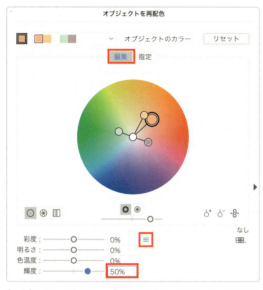

[濃度]で[カラー値]を調整できる。負の値は[カラー値]を減らし、正の値は追加する。「彩度調整」という名称だが、実質調整されるのは[カラー値]である。

[オブジェクトを再配色][彩度調整]とも、[不透明度]を変えずに、[不透明度]による色の見た目の変更と同じ効果が得られる。

[編集]をクリックしたあと、[調整スライダーのカラーモード：色調補正]に変更し、[輝度]を正の値に変更すると、CMYK比を保持しながら[カラー値]を調整できる。負の値に変更すると、Kインキが追加され、黒に近づく。

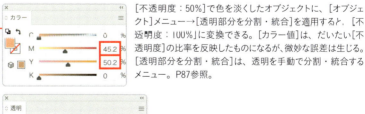

[不透明度：50%]で色を淡くしたオブジェクトに、[オブジェクト]メニュー→[透明部分を分割・統合]を適用すると、[不透明度：100%]に変換できる。[カラー値]は、だいたい[不透明度]の比率を反映したものになるが、微妙な誤差は生じる。[透明部分を分割・統合]は、透明を手動で分割・統合するメニュー。P87参照。

左ページの[不透明度：50%]に[透明部分を分割・統合]を適用。

KEYWORD
不透明度 (ふとうめいど)

オブジェクトが背景を透過する度合い。単位は「%」。[100%]は不透明、[0%]は透明、それ以外では半透明になる。Illustratorでは透明パネル、InDesignでは効果パネル、Photoshopではレイヤーパネルで変更できる。

［カラー値：100％］とそれ以外

関連記事｜特色印刷の使いどころ P102

　［カラー値］を理解すると、最適な印刷方式を選択できるようになります。**［カラー値：100％］はべた塗り**になりますが、それ以外は必ず**網点化**されます。網点化されるとエッジがぼやけ、小さい文字はつぶれて**可読性が落ちます**。また、色面は網点の集合体になるため、淡い色の場合は**濁って見える**ことがあります。基本インキCMYKでも表現できそうな色を特色インキで表現するメリットは、この問題を回避できる点にあります[★3]。たとえば、パステルピンクは基本インキCMYKでも表現できますが、印刷物に使用する色がそれだけなら、特色インキを［カラー値：100％］で使用したほうが、鮮明な印刷に仕上がります。

★3．ただし、特色インキの数が増えると、基本インキCMYKを使用した印刷よりコストがかかる。

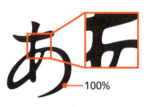
100%

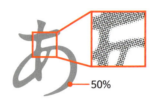
50%

20%

※網点は模式図であり、実際の印刷物ではない。

［描画モード］の使用について

関連記事｜透明オブジェクトに注意する理由 P80

関連記事｜RIP処理時の自動墨ノセについて P94

　色の見た目を変更する用途で、［描画モード］を使うのも危険です。**透明の分割・統合の対象**になる以外に、**オーバープリントの有無で結果が変わる**おそれがあるためです。自分では設定していなくても、RIP処理時に**自動墨ノセ**[★4]が適用されると、［K：100％］のオブジェクトにオーバープリントが設定されます。［スクリーン］や［オーバーレイ］などは、このオーバープリントの有無で、結果が大きく変わります。

★4．Kインキ不使用の背景に重ねた［K：100％］のオブジェクトを［描画モード：スクリーン］に設定すると、見た目の色は白になるが、自動墨ノセは使用インキとその［カラー値］で対象を判別するため、オーバープリントに設定される。

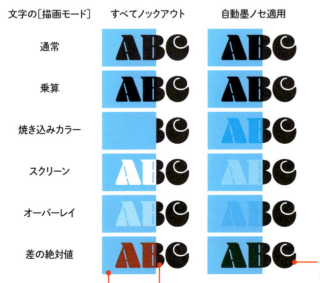

文字を黒［K：100％］、左半分の背景色を［C：70％］で作成したサンプル。［描画モード］は文字のみ変更。

左はすべてをノックアウト、右は自動墨ノセが適用された状態を想定し、文字のみオーバープリントに設定。この結果を見ると、［スクリーン］で白抜き文字をつくるのは危険だということがわかる。

なお、透明が分割・統合されたあと自動墨ノセが適用されると、左（すべてノックアウト）と似た結果になる。

CHAPTER 4

入稿データの保存と書き出し

CHAPTER4 入稿データの保存と書き出し

4-1 さまざまな入稿方法

PDF入稿や従来型のネイティブ入稿に加え、画像のみの入稿やRGB入稿など、入稿方法にはさまざまな選択肢があります。それぞれのメリットやデメリットを把握すると、用途に応じて使い分けできます。

入稿方法の選択肢とPDF入稿のメリット

　入稿方法には大きく分けて、**PDF形式**[★1]で入稿する方法と、ソフトウエアそれぞれの**ネイティブ形式**で入稿する方法の2通りがあります[★2]。最適な入稿方法は、作業環境のほか、印刷所の機材でも変わります。何かとメリットが多く汎用的といわれるPDF入稿ですが、どんな場面でもこの形式が使えるとは限りません。たとえば型抜き用のパス（カットパス）を必要とするシールやカードなどの場合、入稿はカットパスとデザインをレイヤーに分けて保存できる**Illustrator形式**などに限られ、PDF形式では入稿できないことがあります。入稿可能な形式を印刷所の入稿マニュアルで確認してから、作業をすすめましょう。結論からいうと、現在のところ、PDF入稿とIllustrator入稿を理解していれば、たいていの印刷物は作成できます。

　PDF入稿のメリットは、その**安定性**にあります。PDF形式に変換する際に**フォントや画像を埋め込む**ことで、従来の出力トラブルのおもな原因となっていた、テキストのアウトライン化忘れや文字化け、配置画像のリンク切れを防ぐことができます。また、品質を落とさずに**軽量化**できるため、インターネットを経由した入稿にも適しています。このようなメリットから、InDesign入稿を受け付けているところでも、PDF入稿を推奨していることは多いです。

印刷所のタイプによる傾向の違い

　ひとくちに「印刷所」といっても、取り扱っている印刷方式や機材、紙などの媒体の種類、得意とする印刷、おもなユーザー層によって、傾向が大きく変わります。商業誌や企業の商品パッケージなどを取り扱う**一般の印刷所**は、営業スタッフによるサポートや、大部数を高品質に仕上げることを得意としています。近年普及がめざましい**印刷通販**[★3]は、料金の明朗さと入稿の手軽さ、**同人誌印刷所**はモノクロ漫画印刷のノウハウやRGB入稿、イベントへの対応力など、それぞれが異なる特長を持ちます[★4]。

　このほか、グッズ類を専門に扱う印刷所や、孔版印刷や活版印刷など特殊な印刷を専門とする印刷所など、制作物や技術に特化したところもあります。目的や予算に合わせて選択するとよいでしょう。

★1. 本書では、Adobeソフトから書き出したPDFファイルを指す。他のソフトウエアでもPDFファイルを書き出せるが、いろいろな種類があり、入稿データとして使用できるかどうかは、印刷所によって変わる。

★2. 本書では、PDF形式のファイルで入稿することを「PDF入稿」、ネイティブ形式のファイルで入稿することを「ネイティブ入稿」と呼ぶ。

★3. インターネット経由で印刷の注文を受け付け、宅配便で納品する事業形態。

★4. 印刷通販や同人誌印刷所では、完全データによる入稿を求められるケースが多い。完全データとは、印刷所で問題なく出力できる入稿データのこと。完全データでない場合、ユーザー側で修正して再入稿する必要があり、それにより納期が遅延し、予定した日に納品できない可能性も発生する。そのため、これらの印刷所に入稿する場合は、不備のない入稿データを作成するスキルが必要となる。

印刷所	得意・メリット	不得意・デメリット
一般の印刷所	・大部数を印刷できる ・品質が安定している ・たいていはBtoB（Business-to-Business／企業間取引）になるため、スタッフによるサポートが受けられる ・「入稿データの指定通り（P94参照）」を選択できる	・予算がある程度必要となる ・少部数では割高になることがある
印刷通販	・Webサイトでコストや納期を予測できる ・少部数印刷にも対応 ・インターネット経由で料金の確認や注文、入稿、決済など、一連の作業が完結する ・予約なしで入稿可能	・色校正の工程がない（オプションで可能なこともあるが、そのぶんコストがかさみ、納期が遅延する） ・データチェックは印刷に最低限必要な項目に限られるため、[解像度]の不足やモアレ、文字切れ、色の沈みなどは対象外となる ・用紙やサイズを限定することでコストをおさえるしくみのため、規格外の印刷物は割高になる ・特色を使用できないことがある ・「入稿データの指定通り」を選択できないことが多い ・InDesign入稿や、テキストをアウトライン化しないIllustrator入稿には対応していないことが多い
同人誌印刷所	・少部数印刷にも対応 ・RGB入稿可能なところが多い ・早割（早期入稿割引）、再販時割引などの特典を利用できるところもある ・モノクロ漫画印刷のノウハウが蓄積されている ・サイズの変更やサイズの混在に対応 ・デジタル／アナログ原稿の混在に対応 ・イベント会場への搬入やショップへの納品が可能	・色校正の工程がない（オプションで可能なこともあるが、そのぶんコストがかさみ、納期が遅延する） ・InDesign入稿や、テキストをアウトライン化しないIllustrator入稿には対応していないことが多い

※上記はおおまかな傾向をまとめたもの。すべての印刷所にあてはまるわけではない。

入稿の際に必要なもの

　入稿の際に用意するのは、入稿データだけではありません。通常は、出力見本と入稿データ仕様書の用意も必要となります。

　出力見本は、印刷所が**入稿データの体裁（見た目）を確認する**ためのものです。通常はPostScriptプリンターで入稿データ★5をプリントアウトしたものを添えます。インターネットを経由した入稿の場合は、JPEG形式の画像やスクリーンショットなどで代用できます。ただし、厳密な色合わせを望む場合は、紙にプリントアウトしたものを郵送する必要があります。また、色合わせにより追加料金が発生する可能性も考えておきましょう。なお、PDF入稿の場合はPDFファイルが出力見本も兼ねるため、たいていは不要です★6。ただし、基本インキCMYKを特色インキに置き換える場合などは、インキの取り違えが起きないよう、出力見本★7を添えたほうが安全でしょう。

　入稿データ仕様書は、**仕上がりサイズや入稿データのファイル名、使用したソフトウエア、納品先などを記載した書類**です。たいていは入稿する印刷所で配布しており、それを入手して記入します。インターネット入稿の場合は、入稿手続きをおこなうWebサイトで入力した情報が、それを兼ねることもあります。

★5. 作業用ファイルではなく、実際の入稿データをプリントアウトする。

★6. インターネット入稿の場合。

★7. この場合の出力見本の作成方法は、P109で解説。

CHAPTER4 入稿データの保存と書き出し

入稿方法の一覧

以下に、現在選択できるおもな入稿形式や、メリット／デメリットをまとめました。印刷所によっては、使用できない入稿形式もあります。とくに、InDesign入稿や、テキストをアウトライン化しないIllustrator入稿については[★8]、印刷通販や同人誌印刷

★8. 印刷所との作業環境の擦り合わせが必要となるため、基本的にスタッフがあいだに入る、BtoBの印刷所でなければ実現が難しい。

入稿方法	拡張子	ソフトウエア	提出ファイル		メリット	
PDF入稿(X-1a)	.pdf	InDesign Illustrator Photoshop	レイアウトファイルのみ		・ひとつのファイルにまとめられる ・文字化けがない ・リンク切れがない ・ファイルを軽量化できる ・OSやソフトウエアに依存せず閲覧できる ・「PDF／X」に設定することで印刷に適したデータになる	・安定した出力が望める
PDF入稿(X-4)						・透明がサポートされる ・[RGBカラー]のオブジェクトを含めることができる
InDesign入稿	.indd	InDesign	レイアウトファイル リンク画像 リンクファイル 欧文フォント		・印刷所で修正できる	
テキストをアウトライン化するIllustrator入稿	.ai	Illustrator	リンク	レイアウトファイル リンク画像 リンクファイル	・汎用性が高い ・文字化けがない ・配置画像の色を印刷所で調整できる ・「Illustrator 9」以降で保存すれば透明がサポートされる	
			埋め込み	レイアウトファイルのみ	・汎用性が高い ・文字化けがない ・ひとつのファイルにまとめられる ・「Illustrator 9」以降で保存すれば透明がサポートされる	
テキストをアウトライン化しないIllustrator入稿			レイアウトファイル リンク画像 リンクファイル 欧文フォント		・印刷所で修正できる ・「Illustrator 9」以降で保存すれば透明がサポートされる	
EPS入稿	.eps	Illustrator Photoshop	使用するソフトウエアによる		・以前から広く使われている入稿形式で機材によっては、入稿可能な形式がこれに限られることがある	
Photoshop入稿	.psd	Photoshop InDesign Illustrator CLIP STUDIO PAINTなど	画像のみ		・InDesignやIllustratorのない環境でもPhotoshop形式で書き出せるソフトウエアがあれば、入稿データを作成できる ・画像を統合すれば表示が変わらない	
RGB入稿	使用するソフトウエアとファイル形式による				・[カラーモード：CMYKカラー]で編集できないソフトウエアでも、入稿データを作成できる ・印刷所に変換ノウハウがある場合自分で変換するよりきれいな仕上がりを望めることがある	

所では受け付けていないことが多いです★9。他のファイル形式で書き出して入稿することもできるので、InDesign入稿をPDF入稿に切り替える、テキストをアウトライン化してIllustrator入稿するなど、臨機応変に対応しましょう。

★9. 大量の印刷物を短納期でさばくため、環境に依存する入稿形式は使用できないことが多い。

デメリット		トンボ	テキストのアウトライン	特色スウォッチ	オーバープリント
・印刷所で修正できない ・ダイカットハガキやステッカー、うちわや箱など、型抜き用のパスを必要とする印刷物の入稿には使えないことがある	・透明がサポートされない	印刷所の指示による	不要 (埋め込めないフォントは必要)	使用できる (不可のところもあるため、印刷所に要確認)	使用できる (不可のところもあるため、印刷所に要確認)
	・受け付けていない印刷所がある				
・ファイル数が膨大になることがある ・文字化けや組版体裁が崩れるおそれがある ・リンク切れのおそれがある ・使用できるフォントが印刷所にあるものに限られる ・対応している印刷所が限られる		不要	不要 (印刷所にないフォントは必要)	使用できる	使用できる
・ファイル数が多量になることもある ・リンク切れのおそれがある ・バージョンによって表示が変わることがある		必要	必要	使用できる	使用できる
・配置画像の色を印刷所で調整できない ・バージョンによって表示が変わることがある					
・ファイル数が多量になることもある ・文字化けや組版体裁が崩れるおそれがある ・リンク切れのおそれがある ・使用できるフォントが印刷所にあるものに限られる ・対応している印刷所が限られる			不要 (印刷所にないフォントは必要)		
・透明がサポートされない		ソフトウエアによる	必要	使用できない	使用できる
・[解像度]が低いと、ディテールがシャープに仕上がらない		不要	入稿前の画像の統合やレイヤーの結合により、結果的にラスタライズされる	使用できる (不可のところもあるため、印刷所に要確認)	チャンネルを操作すれば同様の表現が可能
・印刷所によって結果が異なる ・再印刷のときに色が変わるおそれがある ・カラープロファイルが埋め込まれていない場合意図しない色で印刷されるおそれがある ・対応している印刷所が限られる			ファイル形式による (通常は画像であることが多くその場合トンボは不要。テキストは画像の統合により結果的にラスタライズされる)	使用できない	使用できない

4-2 ジョブオプションを利用したPDF書き出し

PDF入稿の場合、印刷所のジョブオプションがあれば、それを使用して書き出すのが最も簡単で確実です。選択するだけで必要な設定が完了し、設定ミスも防げます。

印刷所のジョブオプションを読み込む

入稿用のPDFファイルを書き出す際、**入稿する印刷所のジョブオプション**[*1]を使用すると、簡単で確実です。ジョブオプションは、InDesignの**[Adobe PDFを書き出し]ダイアログ**や、Illustratorの**[Adobe PDFを保存]ダイアログ**の設定をプリセット化したものです。事前に読み込んでおくと、書き出し時に**プリセットを選択するだけで設定が完了**するので、手間が省けるうえ、設定ミスも防げます。

★1. ジョブオプションファイルは、印刷所のWebサイトなどで配布されていることが多い。

InDesignでジョブオプションを読み込む

- STEP1. [ファイル]メニュー→[PDF書き出しプリセット]→[プリセットを管理]を選択する
- STEP2. [PDF書き出しプリセット]ダイアログで[読み込み]をクリックし、[PDF書き出しプリセットの読み込み]ダイアログでジョブオプションファイルを選択して、[開く]をクリックする
- STEP3. [PDF書き出しプリセット]ダイアログで[終了]をクリックする

ここではInDesignのメニューから読み込んだが、他のソフトウエアでも読み込める。IllustratorやPhotoshopの場合、[編集]メニュー→[Adobe PDFプリセット]を選択すると、同内容のダイアログが開く。

読み込み後はジョブオプションファイルは不要になるため、削除したり、場所を変更してもかまわない。

KEYWORD

ジョブオプション
Joboption

別名：**PDF書き出しプリセット**、 **Adobe PDF設定ファイル**

PDFファイルに書き出すときの設定をプリセット化したファイル。拡張子は「.joboptions」。入稿する印刷所が配布しているものを入手し、読み込んでおくと、書き出しがスムーズ。Adobeソフトで共用できるが、ソフトウエア別に用意されていることもある。

ジョブオプションを使用してPDFファイルを書き出す

ジョブオプションは、**PDF書き出し時のダイアログ**で選択します。ジョブオプションを選択した段階で、必要な設定が完了しています。

InDesignでジョブオプションを使用してPDFファイルを書き出す

STEP1. ［ファイル］メニュー→［書き出し］[★2]を選択し、［形式：Adobe PDF（プリント）］を選択して場所と［名前］[★3]を設定し、［保存］をクリックする

STEP2. ［Adobe PDFを書き出し］ダイアログの［PDF書き出しプリセット］でジョブオプションを選択したあと、［書き出し］をクリックする

★2. ブックを書き出す場合は、ブックパネルのメニューから［ブックをPDFに書き出し］を選択する。

★3. ファイル名に品名や号数、開始ページなどを含めると、内容がわかりやすい。入稿データをアップロードするサーバーの制約上、半角英数で15文字程度までが望ましい。なお、次の文字は使用できない。
\ / ~ $: , ' ; * ? " < > | `
［ ］ = ＋ . 空白 -（ハイフン）で始まる文字列

ジョブオプションを選択すると、自動で設定がおこなわれる。それぞれの設定項目については、P148以降で解説する。ジョブオプションが用意されていない場合は、手動でこのダイアログを設定することになる。

CHAPTER4 入稿データの保存と書き出し

Illustratorでジョブオプションを使用してPDFファイルを書き出す

STEP1. ［ファイル］メニュー→［コピーを保存］★4を選択し、［ファイル形式：Adobe PDF（pdf）］を選択して場所と［名前］を設定し、［保存］をクリックする

STEP2. ［Adobe PDFを保存］ダイアログの［Adobe PDFプリセット］でジョブオプションを選択したあと、［PDFを保存］をクリックする

★4. IllustratorからPDFファイルを書き出す場合は、［コピーを保存］を選択するとよい。［別名で保存］を選択すると、現在開いているファイルが書き出されたPDFファイルに置き換わり、元のIllustratorファイルは最後に保存した状態で閉じられることになる。［別名で保存］と［コピーを保存］の違いについては、P148参照。

他のAdobeソフトと同じ内容が表示される。

ジョブオプションはAdobeソフトで共用でき、たとえばInDesignで読み込んだジョブオプションは、Illustratorでも使える。ただし印刷所によっては、ソフトウエア別に用意しているところもあるため、対応するソフトウエアをよく確認すること。

Photoshopでジョブオプションを使用してPDFファイルを書き出す

STEP1. ［レイヤー］メニュー→［画像を統合］[★5]を選択して、画像を統合する

STEP2. ［ファイル］メニュー→［別名で保存］を選択し、［フォーマット：Photoshop PDF］を選択し、場所と［名前］を設定して、［保存］をクリックする

STEP3. ［Adobe PDFを保存］ダイアログの［Adobe PDFプリセット］でジョブオプションを選択したあと、［PDFを保存］をクリックする

★5. Photoshopの場合、PDFファイルを書き出す前に、画像を統合することが推奨されている。画像を統合すると、内容の修正ができなくなるが、［別名で保存］を選択すると、表示されているファイルが書き出されたファイルに置き換わり、元のファイルは閉じられるため、保存前の状態を残すことができる。ただ、［保存］を誤選択し、統合した状態で保存されるおそれもある。万全を期すなら、事前にバックアップを作成してからこれらの作業をおこなうとよい。

4-3 ダイアログを手動で設定してPDFファイルを書き出す

ジョブオプションが用意されていない場合、手動でPDF書き出し設定をおこないます。印刷所の入稿マニュアルに具体的な手順が記載されている場合は、それを元にプリセットを作成すると、次回からスムーズに作業できます。

[AdobePDFを書き出し]ダイアログについて

Adobeソフトの場合、PDF書き出し時の設定は**[Adobe PDFを書き出し]ダイアログ**[★1]でおこないます。P144で使用したジョブオプションは、このダイアログの設定をプリセットとして保存したものです。ソフトウエアごとに内容に若干の差異はありますが、基本的な項目は共通しているため、設定の意味をきちんと理解しておくと応用がききます。解説はInDesign中心ですが、IllustratorやPhotoshopの情報も併記します。

セクションはダイアログの左側で切り替えできる。

重要なセクションは、書き出し範囲の指定や全体的な設定をおこなう**[一般]**、配置画像のダウンサンプルや圧縮の方針を決める**[圧縮]**、トンボを指定する**[トンボと裁ち落とし]**、カラープロファイルの設定をおこなう**[色分解(出力)]**、フォントの埋め込みや透明の処理について設定する**[詳細]**です。

[別名で保存]と[コピーを保存]の違いについて

[Adobe PDFを書き出し]ダイアログは、InDesignで[ファイル]メニュー→[書き出し][★2]を選択し、保存するファイル形式として**[Adobe PDF(プリント)]**を選択すると、表示されます。**[書き出し]**でPDFファイルを保存できるのはInDesignに限られ、Illustratorでは**[別名で保存]**または**[コピーを保存]**[★3]、Photoshopでは**[別名で保存]**をそれぞれ選択します。

[別名で保存]と**[コピーを保存]**の違いは、操作時に画面に表示されていたファイルが、**保存されたファイルに置き換わるか否か**、という点にあります。置き換わるのは[別名で保存]を選択したときで、操作時に表示されていたファイルは、最後に保存した状態で閉じられることになります。保存をきちんと済ませたうえで[別名で保存]を選択するぶんには問題ないのですが、保存していない場合、操作時に表示されていたファイルに差分は保存されません。[コピーを保存]を選択すると、表示されているファイルは変わらず、そのコピーが保存されることになるため、差分の発生を防ぐことができます。

★1. IllustratorおよびPhotoshopの場合は、[Adobe PDFを保存]ダイアログと表示される。

★2. [書き出し]は、IllustratorやPhotoshopでは、おもにラスター画像の書き出しに使用する。

★3. 従来のバージョンでは、[複製を保存]という名称で表示される。

[別名で保存]の場合、表示ファイルが置き換わるため、未保存部分は元のファイルに保存されない。[コピーを保存]では表示ファイルが置き換わらないため、元のファイルと新たに複製保存されたファイルとの間に差分が発生しにくくなる（表示ファイルをそのまま上書き保存すれば、保存されたファイルと同じ状態になる）。

PDFの規格とバージョンについて

　[Adobe PDFを書き出し]ダイアログの**最適な設定は印刷所によって異なり**、たいていは入稿マニュアルで設定の手順が具体的に指示されています。そのため、ユーザーが考えて決めるケースはほとんどないと思われますが、設定の意味を理解すると、PDFファイルへの変換時におこなわれる処理の予想がつくようになります。

　入稿マニュアルではまず、[**PDF書き出しプリセット**]で、「PDF／X」を使用した[PDF／X-1a：2001（日本）]や[PDF／X-4：2008（日本）]などを選択するよう指示されるケースが多いと思われます。選択すると、ダイアログの項目がひととおり設定されます。

　[**標準**]★4に表示される**フォーマット**[PDF／X-1a：2001] [PDF／X-4：2010]などのうち、「**PDF／X**」の部分は、**印刷用途に最適化された規格**であることを意味します。これを選択すると、使用するインキが印刷に適したものに制限される★5、フォントや配置画像が埋め込まれ、文字化けやリンク切れなどのトラブルが発生しない、仕上がりと裁ち落としの位置の指定があるなど、**入稿データとして最低限の条件を満たすPDFファイル**になります。

　「PDF／X」は、仕様ごとに「X-1a」や「X-4」などに分類されます。現在メニューで選択できるのは「**X-1a**」「**X-3**」★6「**X-4**」の3種類です。「X-4」は**透明がサポートされる**★7というメリットがありますが、印刷所が対応していないこともあります。

★4. Illustratorでは[準拠する規格]、Photoshopでは[規格]という名称で表示される。このように、ソフトウエアによって名称が微妙に異なる。

★5. 「X-1」では[CMYKカラー] [グレースケール]、特色に制限されていたが、「X-3」から[RGBカラー]や[Labカラー]も使用可になった。

★6. 「X-3」は雑誌広告用のPDFファイル「J-PDF」で使用することが多い。仕様やデータの作成方法は、「雑誌デジ送ナビ」のWebサイト(http://www.3djma.jp/)を参照。

★7. 「X-4」で透明がサポートされるのは、それ自体と、ベースとなっているPDFのバージョンがともに透明をサポートする形式であるため。[PDF／X-3:2003]も、仕様ではベースとなっているPDFのバージョンは透明をサポートする1.4だが、「X-3」が透明をサポートしないため、結局のところ透明はサポートされない。

CHAPTER4 入稿データの保存と書き出し

[**互換性**][8]には、ベースとなる**PDFのバージョン**が表示されます。[Acrobat4（PDF1.3）][Acrobat5（PDF1.4）]などの表記のうち、括弧でくくられた部分がPDFのバージョンです。この部分に注目すると、**透明のサポート**について判別できます。現在選択できるPDFのバージョンは、**1.3／1.4／1.5／1.6／1.7**の5種類ありますが、透明がサポートされるのは**1.4以降**です。なお、**1.5以降**では**レイヤーを保持**できます。

PDFのバージョンは規格と紐付けされており、[標準]で「X-1a」や「X-3」を選択すると[**Acrobat4（PDF1.3）**][9]、「X-4」は[**Acrobat5（PDF1.4）**]または[**Acrobat7（PDF1.6）**][10]に自動で設定されます。なお、「規格なし」（[標準：なし]）を選択すると、PDFのバージョン選択の縛りはなくなりますが、「PDF／X」に準拠しないPDFファイルになるため、印刷用途への適性は保証されなくなります。

	PDF 1.3	PDF 1.4	PDF 1.5	PDF 1.6	PDF 1.7
透明	×	○	○	○	○
レイヤー	×	×	○	○	○
JPEG2000	×	×	○	○	○

※○：保持または使用できる、×：保持できない。

[一般]で書き出すページを設定する

ダイアログにデフォルトで表示されるのは、[**一般**]**セクション**です。InDesignの場合、おもに**書き出し範囲を指定**します。[**ページ**]で、すべてのページを書き出す場合は[**すべて**]を選択、部分的に書き出す場合は[**範囲**]で**ページ番号**[11]を指定します。[2-3]のように「**-（ハイフン）**」を使うと連続したページ、[2-3,7-10]のように「**,（コンマ）**」で区切ると複数の範囲を指定できます。

入稿データは**単ページ**で作成する必要があるため、[**書き出し形式**]で[**ページ**]が選択されていることを確認します。[**見開き**][12]が選択されていると、**スプレッド**単位で書き出されてしまい、印刷所で面付けできません。

入稿データの場合、[オプション]と[読み込み]については、チェックを入れる必要はありません。[レイヤーを書き出し]については、デフォルトの[表示中でプリント可能なレイヤー]の設定が最適です。[すべてのレイヤー]や[表示中のレイヤー]では、非表示のレイヤーやプリントしないレイヤーも入稿データに含まれてしまいます。

IllustratorやPhotoshopでは、[一般]セクションにチェック項目が表示されます。入稿データの場合は、**基本的にオフ**が推奨されています。[**Illustratorの編集機能を保持**][13]にチェックを入れると、Illustratorのデータを含めて保存するため、テキストや透明効果、[効果]メニューによる変形などをそのまま保持できますが、入稿データの場合は再編集の必要がないため、チェックはオフにしておきます。ネイティブデータが含まれないことで、ファイルサイズが軽くなるというメリットもあります。[**Photoshopの編集機能を保持**]も同様です。

★8. 従来のバージョンのIllustratorでは[互換性のある形式]という名称で表示される。

★9. [PDF/X-3:2003]のベースとなっているのは、仕様ではPDF1.4だが、AdobeソフトではPDF1.3が表示される。

★10. 「X-4」を使用したフォーマットには[PDF／X-4：2008]（CS3からCS5とその改訂版[PDF／X-4：2010]（CS5.5以降）の2種類がある。それぞれベースとなるPDFのバージョンが異なる。

★11. ページ番号には、ドキュメントの先頭ページから連続する番号を振る「絶対番号」と、セクションごとに番号を振る「セクション番号」の2種類がある。ページパネルの表示には環境設定が影響し、[InDesign（編集）]メニュー→[環境設定]→[一般]の[ページ番号]で、[表示：ページごと]に設定すると絶対番号、[セクションごと]に設定するとセクション番号になる。環境設定で[セクションごと]に設定した場合、[範囲]でページ番号を指定するにはセクション番号を入力する必要があるが、正符号（+）を付けると、絶対番号でも指定できる。

★12. 「見開き」は「スプレッド」と呼ばれることもある。

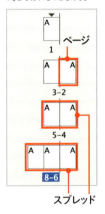

★13. 設定できるのは、[準拠する規格（規格）：なし]の場合に限られる。

KEYWORD
ピィーディーエフエックス
PDF/X
Portable Document Format eXchange

国際標準化機構(ISO)により規定された、PDFの機能を一部制限することで印刷用途に最適化されたPDF規格。ISO15930として標準規格化されている。「X-4」では、透明がサポートされる。

［圧縮］で圧縮の方針を設定する

　［圧縮］セクションでは、**配置画像のダウンサンプル、配置画像やテキスト、ラインアートの圧縮**などについて設定します。［PDF／X-4：2008（日本）］などのデフォルトは［ダウンサンプル（バイキュービック法）］［圧縮：自動（JPEG）］ですが、入稿データでは高品質を求められるため、**［ダウンサンプルしない］**[★14]**［圧縮：ZIP］**の設定を推奨している印刷所が多いです。

　ダウンサンプルは、**画像のピクセル数を減らして軽量化する処理**です。［ダウンサンプルしない］以外に設定すると、**［次の解像度を超える場合］**[★15]の設定より高い［解像度］の画像が、ダウンサンプルの対象になります。［圧縮：ZIP］が推奨されているのは、**可逆圧縮方式で画質が劣化しない**[★16]ためです。

バイキュービック法	周辺の4×4ピクセル（16画素）を参照して算出する。名称は計算に3次式（cubic equation）を使うことから。写真の階調やグラデーションを滑らかに表現できる。
バイリニア法	周辺の2×2ピクセル（4画素）を参照して算出する。バイキュービック法より処理が早い。
ニアレストネイバー法	最も近いピクセルの情報で補間する。画像にない色が発生しないというメリットがある反面、低解像度ではディテールが潰れる。

※画像補間方式のリスト。ニアレストネイバー法は、P59の［画像解像度］ダイアログの選択肢として登場する。これらは、Photoshopの［環境設定］ダイアログの［一般］セクションで［画像補間方式］の選択肢としても登場する。

ZIP圧縮	可逆圧縮方式。単色の塗りつぶし部分を持つ画像や、繰り返しのパターンが使われているモノクロ画像で特に効果が得られる。
JPEG圧縮	非可逆圧縮方式。大幅な軽量化が図れるが、画質は劣化する。低圧縮率や最高品質に設定しても、［カラー値］がわずかに変化して本来色がない版に色が発生することがあるため、印刷用途にはあまり向いていない。圧縮率を上げると「モスキートノイズ」と呼ばれる、もやもやとしたノイズが発生する。JPEGは「Joint Photographic Experts Group」の略。
CCITT圧縮	モノクロ画像の可逆圧縮方式。FAX等の電話回線を使用して、モノクロ画像を転送するためのプロトコルとして開発された。モノクロ画像のほか、1bitの色深度でスキャンした画像などに適している。多くのFAX機器で使用されている「グループ3」と、汎用型の「グループ4」がある。CCITTは「Consultative Committee on International Telegraphy and Telephony」の略。
RLE圧縮	モノクロ画像の可逆圧縮方式。モノクロFAXでよく使われている。広範囲の黒または白の塗りつぶし部分を持つ画像に効果的。RLEは「Run Length Encoding」の略。「連長圧縮」、「ランレングス圧縮」とも呼ばれる。
LZW圧縮	可逆圧縮方式。同じパターンが繰り返されるデータに最適。LZWは、開発者の頭文字をとったもの。

※圧縮方式のリスト。LZW圧縮は、TIFF形式で保存するときの［画像圧縮］の選択肢として登場する。

　ダイアログ下端の**［テキストおよびラインアートの圧縮］**にチェックを入れると、ディテールや精度をほとんど落とさずに、テキストやラインアート[★17]を圧縮します。InDesignの**［画像データをフレームにクロップ］**は、ファイルサイズを低減するための処理で、チェックを入れると、グラフィックフレーム内に表示されている部分だけを書き出します。チェックのオン／オフは印刷所によって変わりますが、どちらに設定しても、それほど重大な問題にはなりません。

[★14]. QRコードやバーコードなどを、画像で配置している場合は、［ダウンサンプルしない］に設定する。［カラーモード］が［CMYKカラー］や［グレースケール］の画像をダウンサンプルすると、白と黒の境界がグレーのピクセルで補間され、画像がぼやける。また、モアレの原因にもなる。［モノクロ2階調］の画像ならダウンサンプルしてもグレーのピクセルは発生しないが、正確さが要求されるバーコード類の場合は、［ダウンサンプルしない］に設定する。

[★15]. ［次の解像度を超える場合］は、サンプリングのしきい値となる。［解像度］の1.5倍に設定される。

[★16]. 入稿データとしてはOKだが、校正用の閲覧データとしてはファイルサイズがかさばって扱いづらいことがある。その場合は適宜ダウンサンプルして書き出す。入稿データを書き出す際に、設定を確認するのを忘れないこと。

[★17]. ラインアートは、［塗り］と［線］で構成されるオブジェクト。具体的にはパスなどを指す。ZIP圧縮なので劣化しない。

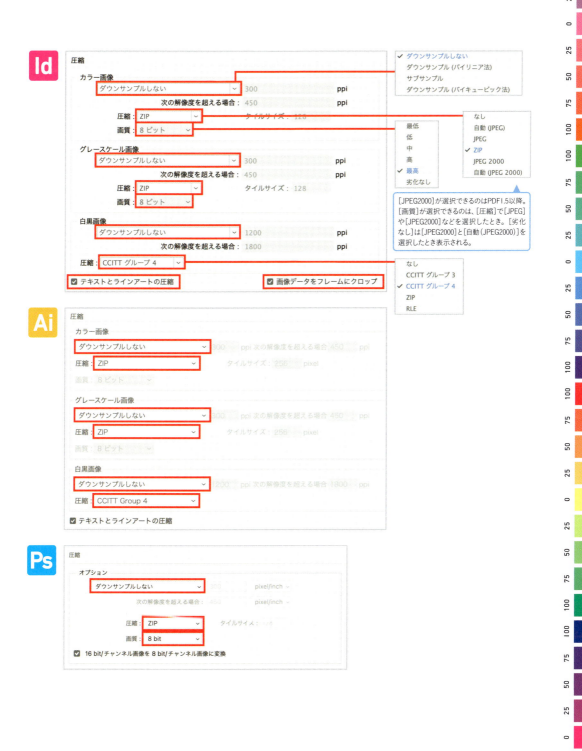

KEYWORD

ダウンサンプル

再サンプル処理の一種で、画像のピクセル数を減少させること。これにより[解像度]が下がり、ファイルサイズを節約できる。ピクセル削除時に補間処理が加わると、画像がぼやけることもある。

［トンボと裁ち落とし］でトンボを追加する

関連記事｜PDF書き出し時にトンボを追加する P40

［トンボと裁ち落とし］セクション[18]では、**トンボの仕様**や、**裁ち落としの幅**を設定できます。「PDF／X」のデフォルトは、トンボを付けない設定です。トンボの有無を含め、最適な設定は印刷所によって変わるため、入稿マニュアルで確認してください。このダイアログで追加できるトンボの仕様については、P40で解説しています。

印刷用途の場合、**裁ち落としは必要とされることが多いです**[19]。**［ドキュメントの裁ち落とし設定を使用］**[20]にチェックを入れるか、**［裁ち落とし］**に裁ち落としの幅を入力します。

InDesignの場合、**［印刷可能領域を含む］**にチェックを入れると、**裁ち落としの外側も書き出せます**。この設定項目は、裁ち落としの外側に折トンボや指定などの重要なオブジェクトがあり、それらをPDFに含める場合に便利です[21]。［印刷可能領域］は、新規ファイル作成時の**［新規ドキュメント］ダイアログ**で設定できますが、ファイル作成後でも、［ファイル］メニュー→［ドキュメント設定］を選択すると**［ドキュメント設定］ダイアログ**が開き、設定できます。デフォルトは**［0mm］**ですが、たとえばすべて［40mm］に設定すると、仕上がりサイズから40mm外側に拡張した範囲を［印刷可能領域］に設定できます。

★18. Photoshopにはこのセクションがないため、トンボを追加できない。

★19. 新聞広告や雑誌広告などでは、裁ち落としが不要なことがある。

★20.「ドキュメントの裁ち落とし設定」は、InDesign、Illustratorともに［ドキュメント設定］ダイアログの［裁ち落とし］の設定を指す。

★21. トンボを追加して書き出す場合、トンボのぶんだけ書き出し範囲が拡張するため、［印刷可能領域］を設定しなくても、結果的に一緒に書き出せることもある。

［ドキュメントの裁ち落とし設定を使用］にチェックを入れると［0mm］に設定されてしまう場合は、チェックを外して数値を入力する。この現象は、新規ファイル作成時に［裁ち落とし：0mm］に設定した場合に起こりうる。

［色分解］でカラースペースを設定する

　　[色分解]セクション[★22]では、**カラー変換の方針**や、**使用するカラープロファイルを設定**します。このセクションの設定は、通常は印刷所の指示に従います。上段の**[カラー]**のデフォルトは、**[標準]**の設定によって変わります。「X-3」から[RGBカラー]のオブジェクトも含めることが可能になったため、［変換しない］がデフォルトになっています。

標準	カラー変換	出力先
X-1a：2001 X-1a：2003	出力先の設定に変換（カラー値を保持）	ドキュメントのCMYKスペース 作業中のCMYK領域
X-3：2002 X-3：2003	変換しない	—
X-4：2010	変換しない	—

　　下段の**[PDF／X]**の**[出力インテントのプロファイル]**[★23]は、「PDF／X」に準拠するために必要な設定です。通常は[出力先]と同じものか、[Japan Color 2001 Coated]など印刷業界標準のカラープロファイルを選択します[★24]。

★22. IllustratorとPhotoshopでは、[出力]セクションがこれに該当する。

★23. [標準]に「PDF／X」関連のフォーマットが設定されているときに設定する。[RGBカラー]のオブジェクトは、このカラープロファイルを基準に[CMYKカラー]に変換される。

★24. 最終的にどのような印刷に仕上げるかを指定するための設定なので、国内用の入稿データの場合、[Japan Color 2001 Coated]やそれに準ずる設定になっていればOK。[作業中のCMYK領域]は[カラー設定]ダイアログの[作業用スペース]、[ドキュメントのCMYKスペース]はファイルのカラープロファイルを指すが、通常の使用の範囲では[Japan Color 2001 Coated]に設定されている。

CHAPTER4 入稿データの保存と書き出し

[Ps]

★25. 変換はPDF書き出し時におこなわれるため、ここにチェックを入れても、書き出し元のファイルの特色スウォッチ自体は保持される。閲覧用に特色スウォッチを含まないPDFファイルを作成するときなどに便利。

★26. [スウォッチ設定]ダイアログで[カラーモード：CMYK]に変更したあと、[カラータイプ：プロセス]に変更すると、プロセスカラースウォッチに変更できる。

InDesignの場合、[カラー]枠内の**[インキ管理]**をクリックすると、**[インキ管理]ダイアログ**が開き、ファイルで使用しているインキの一覧を見ることができます。ここで、特色インキ使用のチェックや、誤使用の特色インキを本来の特色インキにまとめることができます。

★27. [標準：なし]に設定し、[出力先]で[出力先の設定に変換]または[出力先の設定に変換(カラー値を保持)]を選択すると設定できる。

[すべての特色をプロセスカラーへ]にチェックを入れると、特色スウォッチで指定した色が自動で基本インキCMYKに変換されます[★25]。ただし、CMYKそれぞれの[カラー値]は設定できないため、意図しない色や分版結果になるおそれがあります。誤って混入した特色スウォッチに対処する場合はこの機能を使用せず、作業用ファイルで特色スウォッチをプロセスカラースウォッチに変更し[★26]、[カラー値]を手動で調整することをおすすめします。なお、色が似ているため誤って使用した場合は、その特色インキを選択し、**[インキエイリアス]**で本来の特色インキを選択することで、置き換えできます。

同じ[カラー]枠内の**[オーバープリント処理]**[★27]も、特色スウォッチの変換に関係する設定です。チェックを入れると、オーバープリントの設定に関係なく、特色スウォッチで指定した色が基本インキCMYKに変換されます。印刷用途の場合は通常、チェックを入れません。

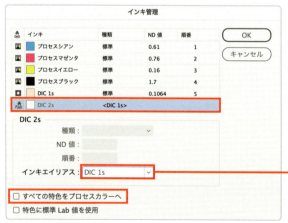

このダイアログは、InDesignの[色分解]セクションで[カラー]枠内の[インキ管理]をクリックすると開く(前のページのスクリーンショット参照)。インキを選択し、[インキエイリアス]で本来のインキを選択すると置き換えできる。インキが置き換えられるのは書き出したPDFファイルのみ。このほか、スウォッチパネルのメニューからも開ける。

[Id]

［詳細］でフォントと透明関連を設定する

関連記事｜透明の分割・統合に起因する問題 P82

［詳細］セクション★28では、**フォントの埋め込み**★29と、**［透明の分割・統合プリセット］**を設定します。**［フォント］**の**［使用している文字の割合が次より少ない場合、サブセットフォントにする］**は通常、デフォルトの**［100%］**のまま、変更を加えません。

［透明の分割・統合］は、透明がサポートされないPDFのバージョン［互換性：Acrobat4（PDF1.3）］に設定したときのみ設定します。印刷用途では高品質が求められるため、**［プリセット：［高解像度］］**★30に設定します。

InDesignでは、スプレッド単位で［透明の分割・統合プリセット］を設定できます。**［スプレッドオーバーライドを無視］**にチェックを入れると、スプレッドに設定された［透明の分割・統合プリセット］は無視され、［AdobePDFを書き出し］ダイアログの設定が使用されます。スプレッドに設定されている可能性に備えて、チェックを入れておくとよいでしょう。

★28. Illustratorの場合は［詳細設定］セクションがこれに該当する。Photoshopはこのセクションに該当するものはない。

★29. エンベッドともいう。

★30. ［プリセット（透明の分割・統合プリセット）］は、Illustrator／InDesignとも［編集］メニュー→［透明の分割・統合プリセット］でダイアログを開くと編集できる。Illustratorの場合、分割・統合プレビューパネルでも編集できる。

OPIは、「Open Prepress Interface」の略で、低解像度の画像でレイアウト作業し、出力時に自動で高解像度に置き換えるしくみ。大量の画像を扱うカタログ制作などの現場で使用されることがある。「PDF／X」では使用が禁止されているため、［標準：なし］のときのみ設定できる。

Acrobat Proのタイトルバーに表示する内容を設定できる。［ドキュメントタイトル］は、［ファイル］メニュー→［ファイル情報］で設定できる。

KEYWORD
サブセットフォント

フォントに用意されているすべての文字のうち、ファイルで使用している文字だけを抜き出して集めたもの。フォントをサブセット化することにより、ファイルサイズを節約し、出力時間を短縮できる。アルファベット26文字と記号、数字を加えても1バイトで足りる欧文フォントに対し、JIS規格だけで約9,000字弱あり、それにUnicodeを加えると20,000字強になる和文フォントは、サブセット化しないと埋め込めない。対義語は「フルセット」。

［セキュリティ］は一切設定しないこと

　［セキュリティ］セクションについては、一切設定をおこないません[★31]。設定されていると、出力機で正常に処理できないことがあります。

★31.「PDF／X」では暗号化などのセキュリティ情報が禁止されているため、［標準］で「PDF／X」のフォーマットを選択していると設定できないが、［なし］を選択すると設定できてしまうため、注意する。

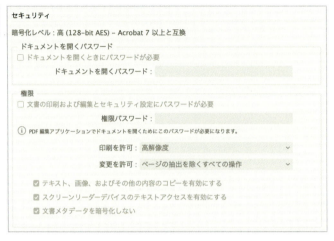

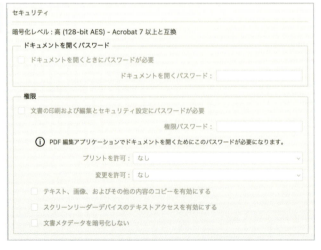

設定をプリセットとして保存し、PDFファイルを書き出す

　設定はプリセットとして保存できます。ジョブオプションの配布はないが、ダイアログの設定は公開している印刷所の場合、プリセット化しておくと次から設定を省略できます。**[プリセットを保存]**をクリックすると、ダイアログで名前を設定できます。保存したプリセットは、次に[Adobe PDFを書き出し]ダイアログを開いたときに、**[PDF書き出しプリセット]**で選択できます[★32]。

　このダイアログで**[書き出し]**[★33]をクリックすると、PDFファイルが書き出されます。

★32. 保存したプリセットは、他のAdobeソフトのダイアログにも反映される。

★33. IllustratorやPhotoshopでは[PDFを保存]をクリックする。

[option(Alt)]キーを押しながら[キャンセル]にカーソルを重ねると、表示が「リセット」に変わり、ダイアログの変更をリセットできる。

CHAPTER4 入稿データの保存と書き出し

4-4 Acrobat ProでPDFファイルをチェックする

書き出したPDFファイルをAcrobat Proで開くと、体裁だけでなく、サイズや埋め込みフォント、使用インキなど、仕様や内部構造もチェックできます。また、プリセットを使用したプリフライトも可能です。

PDFファイルをAcrobat Proでチェックする

入稿データとして書き出したPDFファイルは、**Acrobat Pro**[★1]で開いて、**体裁をよく確認**します。書き出し元のInDesignファイルやIllustratorファイルと、PDFファイルが完全に同一であるとは限りません。PDFファイルへの変換やバグにより、レイアウトが崩れることもあります。再度書き出せば直ることもありますが、根本的な不具合の場合は、元のファイルに手を加えないと修正できないこともあります。

Acrobat Proを使う前に、環境設定を確認します。[Acrobat Pro]メニュー→[環境設定]を選択して**[環境設定]ダイアログ**を開き、**[ページ表示]セクション**で**[オーバープリントプレビューを使用：常時]**に変更します。このほか、出力結果を正確に表示するため、**[レンダリング]**で**[ラインアートのスムージング][画像のスムージング][細い線を拡張][ページキャッシュを使用]**[★2]をすべて**オフ**にしておきます。**[アートサイズ、仕上がりサイズ、裁ち落としサイズを表示]**をオンにすると、仕上がりサイズなどが線で表示されます。

★1. インキ総量のチェックやプリフライト機能などを利用できるのは、Acrobat Proのみ。

★2. これらの設定は、あくまで画面表示をサポートするもので、入稿データの場合はチェックの邪魔になることもある。Windowsでは、環境設定をハンバーガーメニューから開く。

PDFファイルの仕様を調べる

Acrobat Proには、**PDFファイルの仕様**を調べたり、**印刷への適正をチェック**する機能があります。

　[文書のプロパティ]ダイアログでは、**PDFファイルの仕様**を調べることができます。このダイアログは、Acrobat ProでPDFファイルを開き、**[ファイル]メニュー→[文書のプロパティ]**を選択すると開けます。最初に表示される**[概要]セクション**では、**[PDFのバージョン]**と**[ページサイズ]**[★3]を調べることができます。**[フォント]セクション**には、**使用したフォント**が表示されます。それぞれ「**埋め込みサブセット**」または「**埋め込み**」となっていることを確認します。

★3.　ここで確認できるのは、トンボを追加せずに書き出したPDFファイルのみ。裁ち落としがある場合、[ページサイズ]は仕上がりサイズに6mm追加した値（裁ち落としの幅＝3mmの場合）になっていなければならない。

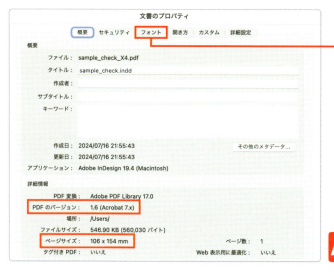

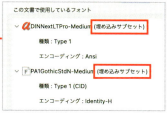

［印刷工程を使用］を使う

　[印刷工程を使用]のメニューは、ややアクセスしづらいところにおさめられています。まず、メニューバーの**[すべてのツール]**をクリックして、全ツールを表示します。その中にある**[印刷工程を使用]**をクリックするとメニューが表示され、クリックするとそれぞれダイアログが開きます。

このほか、[すべてのツール]タブからアクセスする方法もある。Acrobat Proは仕様やインターフェイスが頻繁に変わるので、見つからない場合は、「印刷工程」をキーワードに検索するとよい。

おもに使用するのは、[出力プレビュー]や[プリフライト]、[分割・統合プレビュー]。

［出力プレビュー］でインキをチェックする

関連記事｜インキ総量を調べる P98

［印刷工程を使用］の**[出力プレビュー]ダイアログ**では、InDesignの分版プレビューパネルのように**版の状態を確認できる**[★4]ほか、**インキ総量**や、**[RGBカラー]で表現されたオブジェクトの混入**[★5]なども調べることができます。このほか、画像やテキストなどの**属性別でもピックアップ**できます。

★4.［表示：すべて］を選択した状態で、［色分解］のインキ名先頭のチェックのオン／オフを切り替えると、それぞれの版の状態を見ることができる。

★5.［表示：RGB］を選択すると、［RGBカラー］で表現されたオブジェクトの有無とその場所がわかる。何も表示されない（真っ白になる）場合は、含まれていない。

すべて	すべてのオブジェクトを表示。デフォルトはこれに設定されている。
デバイスCMYK	［CMYKカラー］で表現されたオブジェクトを表示。
デバイスCMYKではない	［CMYKカラー］以外で表現されたオブジェクトを表示。［RGBカラー］や［グレースケール］、特色スウォッチで表現されたオブジェクトを検出できる。
特色	特色スウォッチで表現されたオブジェクトを表示。
デバイスCMYKと特色	［CMYKカラー］と特色スウォッチで表現されたオブジェクトを表示。
デバイスCMYKまたは特色ではない	［CMYKカラー］と特色スウォッチ以外で表現されたオブジェクトを表示。［RGBカラー］や［グレースケール］で表現されたオブジェクトを検出できる。
RGB	［RGBカラー］で表現されたオブジェクトを表示。
グレー	［グレースケール］で表現されたオブジェクトを表示。
画像	ラスター画像を表示。
ベタ	［塗り］に色が設定されたオブジェクトを表示。
テキスト	テキストを表示。アウトライン化されたテキストは対象外。
ラインアート	［塗り］と［線］で構成されたオブジェクト（パスなど）を表示。

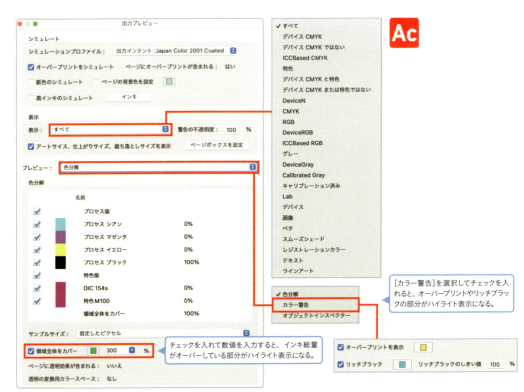

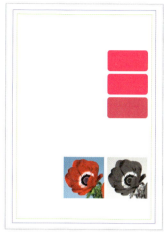

サンプルのPDFファイル。サンプル内のテキストはオブジェクトの[カラー値]や[カラーモード]などを示す。「OUTLINE」はアウトライン化したテキスト、それ以外のテキストは埋め込み。

[表示：デバイスCMYKではない]を選択すると、特色スウォッチで表現された色や、[RGBカラー]や[グレースケール]のオブジェクトのみが表示される。「特色M100」は、プロセスカラースウォッチを[カラータイプ：特色]に変更したもの。

[表示：テキスト]を選択すると、埋め込まれたテキストが表示される。アウトライン化されたテキストはラインアート扱いになり、表示されない。

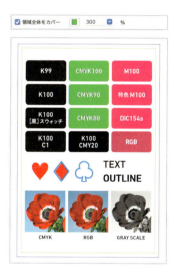

[領域全体をカバー]にチェックを入れ、[300%]に設定すると、インキ総量が300%を超える部分がハイライト表示(緑)になる。たとえば「CMYK80」は[C：80％／M：80％／Y：80％／K：80％]＝80％×4＝320％となり、300％を超えるのでハイライト表示になる。インキ総量とその問題については、P96参照。

[オーバープリントを表示]にチェックを入れると、オーバープリントに設定されたオブジェクトがハイライト表示(黄)になる。サンプルはInDesignで作成したため、[黒]スウォッチを設定したオブジェクトやテキストが自動的にオーバープリントに設定されていることがわかる。

[リッチブラック]にチェックを入れ、[リッチブラックのしきい値：100％]に設定すると、[100％]のKインキに他のインキを加えて表現された黒の部分がハイライト表示(水色)になる。[80％]に設定すると、[80％]以上のKインキと他のインキで表現された黒の部分がハイライト表示になる。

[プレビュー：カラー警告]に変更し、[オーバープリントを表示]や[リッチブラック]にチェックを入れると、オーバープリントに設定されたオブジェクトや、リッチブラックのオブジェクトが**ハイライト表示**されます。暗色オブジェクトのオーバープリントや、細かい文字に誤って設定されたリッチブラック[★6]などは、プレビューだけでは発見しづらいため、このような機能を活用するとよいでしょう。

★6. 細かい文字にリッチブラックが設定されていると、ほんの少しの版ずれでも可読性が落ちるおそれがある。

CHAPTER4 入稿データの保存と書き出し

［プリフライト］で解析する

［印刷工程を使用］の**［プリフライト］ダイアログ**では、PDFファイルの**印刷への適性を検査**できます。［プリフライト］ダイアログには、デフォルトの**プリフライトプロファイル**が表示されます。入稿データのチェックで使用の可能性があるのは、**［PDF／X］**の[PDF／X-1aへの準拠を確認]や[PDF／X-4への準拠を確認]など[★7]です。これらは、「PDF／X」の規格に準拠しているかどうかをチェックできます。

★7. チェックできるのは、「PDF／X」規格への準拠だけで、［解像度］や［カラーモード］、版の数、ヘアライン、フォントの埋め込みなどはチェックの対象外。

プリフライトプロファイル［PDF／X-4への準拠を確認］で解析する

STEP1. ［プリフライト］ダイアログで［PDF規格］を選択したあと、［PDF／X-4への準拠を確認］をクリックして選択し、［解析］をクリックする

STEP2. ［結果］タブで解析結果を確認する

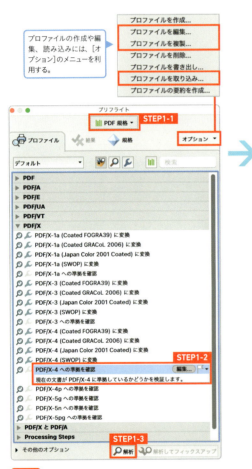

［表示］をクリックすると、エラーの該当箇所がハイライト表示（赤の点線）される。この場合、有効なUTF-8文字列ではない特色名を使用したオブジェクトが検出された（赤の点線でハイライト表示されたオブジェクトは、「特色M100」という名称の特色スウォッチで色を設定している）。

KEYWORD
プリフライト

別名：プリフライトチェック、プレフライト

ファイルが印刷に適しているかチェックすること。入稿データ書き出し前、書き出し後の両方のチェックを指す。InDesignでは、ライブプリフライト機能で作業中に随時チェックできる。

オリジナルのプリフライトプロファイル（**カスタムプロファイル**）も作成できます[★8]。特定の［カラーモード］のオブジェクトが混入したらエラーが出たり、画像の［解像度］が低すぎると警告が出るようなプロファイルも作成できます。

★8. 元にするプロファイルを複製すると、手軽に作成できる。カスタムプロファイルの内容を再編集するには、［プリフライト］ダイアログで［オプション］をクリックして［プロファイルを編集］を選択するか、プロファイル名右側の［編集］をクリックする。

カスタムプロファイルを作成する

STEP1.　プリフライトプロファイルを選択したあと、［プリフライト］ダイアログで［オプション］をクリックし、［プロファイルを複製］を選択する

STEP2.　［プリフライト：プリフライトを編集］ダイアログの左側で項目を選択したあと、右側で内容や［名前］を設定し、［OK］をクリックする

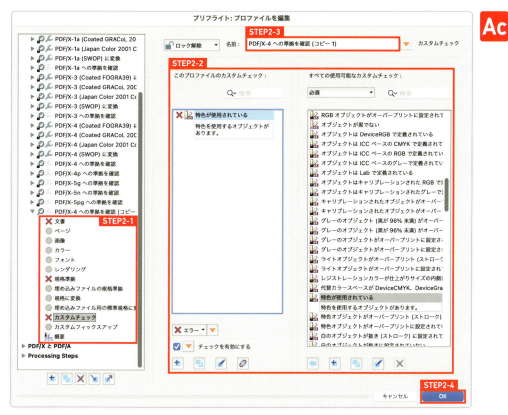

このダイアログで、既存のプリフライトプロファイルの内容も確認できる。

印刷所のプリフライトプロファイルで解析する

ジョブオプションのように、**プリフライトプロファイル**[★9]を印刷所が配布していることもあります。読み込んで解析すると、入稿する印刷所に最適なチェックがおこなえます。

★9. プリフライトプロファイルの拡張子は「.kfp」。

プリフライトプロファイルを読み込む

STEP1.　［プリフライト］ダイアログの［オプション］をクリックし、［プロファイルを取り込み］を選択する

STEP2.　［プロファイルを取り込み］ダイアログでプリフライトプロファイル（.kfp）を選択し、［開く］をクリックする

4-5 InDesign形式で入稿する

InDesign入稿では、InDesignファイルとそれに関連するファイルのほか、フォントなども提出します。パッケージ機能を利用すると、必要なファイルを一括で収集できます。

InDesign入稿の準備

InDesign入稿[★1]では、レイアウト作業をおこなった**InDesignファイル**（レイアウトファイル）に加え、その**リンク画像**や**リンクファイル**、**フォントファイル**も入稿します。InDesignの場合、複数ページを扱うことが多く、関連する画像やファイルは膨大な数になるため、計画的な作業と、適切な管理・点検が必要です。

ライブプリフライト機能の活用

InDesignには、**ライブプリフライト**という機能[★2]があります。これは、**リンク切れやオーバーセットテキスト**[★3]**などを随時チェック**する機能です。いわばP164のプリフライトによる検査が常時稼働している状態で、エラーが発生するとウィンドウ下に**赤い丸**が表示されます。右側の**[プリフライトメニュー]**をクリックして**[プリフライトパネル]**を選択すると、**プリフライトパネル**[★4]が開き、エラーが発生したページが表示されます。エラーを解決すると、**緑の丸（エラーなし）に戻ります**[★5]。

★1. 印刷所によっては、InDesign入稿を受け付けていないこともあるため、事前にWebサイトや入稿マニュアルで確認する。

★2. デフォルトはオンに設定されている。

★3. フレームからあふれたテキスト。

★4. プリフライトパネルは[ウィンドウ]メニュー→[出力]→[プリフライト]の選択でも開く。

★5. ウィンドウ下の[プリフライトメニュー]とその隣の[プリフライトプロファイル]でも、カスタムプロファイルの作成から適用までの操作が可能。

ライブプリフライトは、**プリフライトプロファイル**に設定された項目について検査します。デフォルトは**[[基本]（作業用）]**[★6]ですが、これでチェックできるのは、リンク切れや更新の必要があるリンク、オーバーセットテキストなど、必要最低限の項目です。[RGBカラー]のオブジェクトの混入や特色スウォッチの使用、[解像度]など、印刷用途の条件でチェックする場合は、**カスタムプロファイル**を作成します。

[★6]. [[基本]（作業用）]で検出できるのは、以下の項目。
・不明および変更済みリンク
・アクセスできないURLリンク
・オーバーセットテキスト
・環境にないフォント
・未解決のキャプションの変数

カスタムプロファイルで[RGBカラー]のオブジェクトの混入を検査する

STEP1. プリフライトパネルのメニューから[プロファイルを管理]を選択する

STEP2. [プリフライトプロファイル]ダイアログの左側で[＋(新規プリフライトプロファイル)]をクリックしたあと、右側で[カラー]の[使用を許可しないカラースペースおよびカラーモード]と[RGB]にチェックを入れ、[プロファイル名]を設定して、[OK]をクリックする

STEP3. プリフライトパネルの[プロファイル]で、作成したカスタムプロファイルを選択する

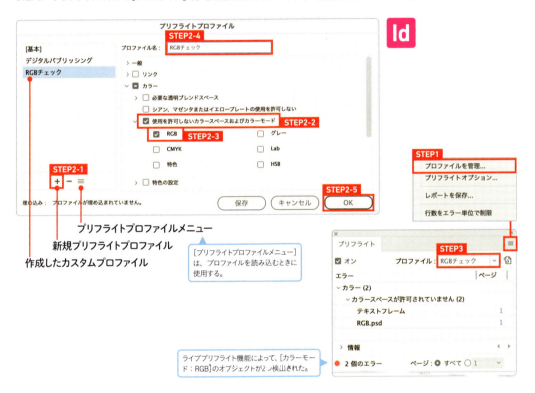

作成したカスタムプロファイルは、[プロファイルを管理]を選択して**[プリフライトプロファイル]ダイアログ**を開くと、再編集できます。なお、印刷所が配布している**プリフライトプロファイル**[★7]を読み込んで使うこともできます。

[★7]. プリフライトプロファイルの拡張子は「.idpp」。

プリフライトプロファイルを読み込む

STEP1. プリフライトパネルのメニューから[プロファイルを管理]を選択する

STEP2. [プリフライトプロファイル]ダイアログの[プリフライトプロファイルメニュー]をクリックし、[プロファイルを読み込み]を選択する

STEP3. ダイアログでプリフライトプロファイル(.idpp)を選択し、[開く]をクリックする

CHAPTER4 入稿データの保存と書き出し

パッケージ機能で収集する

InDesign形式で入稿するには、InDesignファイルに加え、リンク画像やフォントファイル[8]を添付する必要があります。InDesignの**パッケージ機能**[9]を利用すると、**入稿に必要なファイルを一括で収集**できます。

この作業の前に、InDesignファイルに不要なレイヤーやオブジェクトがあれば、入稿データに含まれないように削除しておきましょう。

パッケージ機能でファイルを収集する

STEP1. ［ファイル］メニュー→［パッケージ］を選択し、［パッケージ］ダイアログでエラーが出ていないことを確認したあと、［パッケージ］をクリックする

STEP2. ［出力仕様書］ダイアログで［続行］をクリックする

STEP3. ［パッケージ］ダイアログで保存する場所と［名前］を設定したあと、［フォントをコピー（Adobe以外の日中韓フォント及びAdobe Fontsからのフォントを除く）］［リンクされたグラフィックのコピー］［パッケージ内のグラフィックリンクの更新］にチェックを入れて、［パッケージ］をクリックする

★8. 欧文フォントの場合、印刷用途ならばその印刷物に対して1回だけ添付可能というライセンスになっている。特定の印刷物に対して1回、と数えるため、同じフォントは他の印刷物でも使用できる。

★9. IllustratorやPhotoshopでもパッケージ機能が利用できる（ただしPhotoshopの場合、収集できるのはリンク画像のみ）。使用したファイルだけを収集できるため、保存用のアーカイブ作成にも便利な機能。

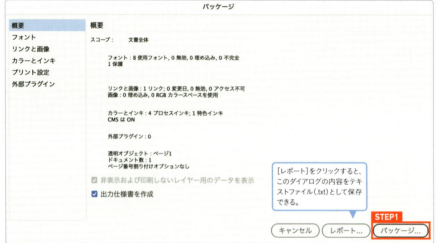

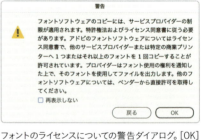

フォントのライセンスについての警告ダイアログ。［OK］をクリックして次へ進んでかまわない。

KEYWORD

パッケージ

レイアウトファイルとそのリンク画像、リンクファイル、欧文フォント、Adobe和文フォントを収集する。もともとInDesignの機能だったが、現在はIllustratorやPhotoshopにも導入されている。

パッケージを実行すると、**[パッケージ]ダイアログで設定した[名前]のフォルダー**が作成され、その中に収集したファイルがおさめられます。このフォルダーを入稿データとして印刷所に提出します。なお、収集されたファイルはすべて**複製**です。元のファイルに変更を加えても、収集されたファイルには反映されないことに注意します。また、孫リンクやAdobe Fontsなど、**収集されないリンク画像や欧文フォント**[10]があることもおぼえておきましょう。とくにフォントについては、作業の前に、使用できるものとできないものをきちんと区別しておく必要があります[11]。

	収集される	収集されない
画像	リンク画像 リンクファイル	孫リンク(リンク画像やリンクファイルにリンク配置された画像やファイル)
フォント	欧文フォント Adobe和文フォント	和文フォント／ライセンスフォント Adobe Fonts／CJKフォント[12] リンクファイルで使用したフォント

★10. フォントの区別については、P48参照。

★11. リンクファイルのリンク画像やリンクファイル(孫リンク)、そこで使用したフォントは収集されない。入稿の際にテキストはアウトライン化する。孫リンクはパッケージ時に作成される「Links」フォルダーに入れれば反映されるが、印刷所によっては埋め込みを指示しているところもある。

★12. CJKフォントは、日中韓で使用する文字を収録したフォント。「CJK」は、中国語、日本語、朝鮮語の頭文字をとったもの。

CHAPTER4 入稿データの保存と書き出し

4-6 Illustrator形式で入稿する

Illustrator入稿は、汎用性の高い入稿形式です。チェック項目が非常に多いように感じられますが、作業段階で気をつけていればクリアできるものが大半です。

汎用的なIllustrator入稿

Illustrator入稿は、**Illustratorファイル**（レイアウトファイル）とその**リンク画像**や**リンクファイル**[★1]、**フォントファイル**を印刷所に提出する入稿形式です。現在のところ、この方法で入稿できないケースはほとんどないというくらい、汎用的な入稿形式です。

Illustrator入稿は、InDesign入稿のIllustrator版と考えてOKです。ただし、**フォントについては大半の印刷所でアウトライン化が求められる**ため[★2]、完全に同じというわけにはいかないのが現状です。

リンク画像を**埋め込み画像**に変更すると、PDF入稿のように、ファイルひとつで入稿できます。ただし、印刷所で画像の色を個別に調整できないというデメリットもあります。リンク画像と埋め込み画像について、詳しくはP76で解説しています。

Illustrator入稿のチェックポイント

Illustrator形式で入稿する場合、チェックすべきポイントが多数あります。そのチェックリストを右ページに掲載しました。使用インキや版の状態の確認は**分版プレビューパネル**、配置画像は**リンクパネル**、ファイル全体については**ドキュメント情報パネル**が便利です。**孤立点**は[オブジェクト]メニュー→[パス]→[パスの削除]を選択し、ダイアログで[孤立点]と[空のテキストパス]にチェックを入れると取り除けます[★3]。

インキ総量やオーバープリントについては、いったん**PDFファイルとして複製保存**したものを**Acrobat Pro**で開いて調べる方法もあります（P162）。

[孤立点]は[ペンツール]や削除漏れ、[空のテキストパス]は[文字ツール]などの誤操作で発生する。

★1. Illustratorファイルには、IllustratorファイルやPDFファイルなども配置できるが、これらを配置したファイルを入稿データとして使用できない印刷所もある。

★2. 印刷通販や同人誌印刷所では、テキストをアウトライン化せずにIllustrator入稿できるところはあまり見かけない。入稿するのがおもにこのタイプの印刷所である場合、Illustrator入稿とInDesign入稿は完全に別物と考え、それぞれの対処法を覚えたほうが、ミスやリジェクトが起きにくい。

★3. [選択]メニュー→[オブジェクト]→[孤立点]を選択し、[delete]キーで削除して取り除く方法もある。こちらの場合、削除するオブジェクトを事前に確認できるメリットがある。このメニューでは「孤立点」と「空のテキストパス」の両方が選択される。

KEYWORD
孤立点（こりつてん）

別名：余分なポイント

アンカーポイントひとつで構成された、セグメントを持たないパス。おもに、[ペンツール]で1回クリックしたあと描画せずに放置することで発生する。出力トラブルの原因になるおそれがあるため、入稿前に削除しておくのが望ましい。

170

項目	チェック内容
バージョン	☐ 作業バージョンで保存する
	☐ 作業バージョンと異なるバージョンで保存する場合、下位互換にともなうアピアランスの分割やグラデーションを設定した[線]のアウトライン化などの変化に注意する
カラーモード	☐ [CMYKカラー]が選択されている
インキ	☐ 使用するインキの版のみ形成されている(分版プレビューパネルで確認する。P28参照)
	☐ インキ総量は印刷物の規定の範囲内におさまっている(確認方法はP98参照)
トンボとアートボード	☐ トンボは正確なサイズ・位置で作成されている
	☐ トンボは最前面にレイアウトされている
	☐ トンボとアートボードの中心が一致している
	☐ アートボードはひとつだけ作成されている
	☐ [効果]メニューで作成したトンボは[アピアランスを分割]で分割されている
	☐ トンボの[線]の色は[レジストレーション]に設定されている
	☐ 裁ち落としの外側にはみ出た部分は、クリッピングマスクで隠している
フォント	☐ アウトライン化必須の場合や、印刷所にないフォントは、すべてアウトライン化されている(確認方法はP57参照)
配置画像	☐ ファイル形式はPhotoshop形式/TIFF形式のいずれかである
	☐ [カラーモード]は[CMYKカラー][グレースケール][モノクロ2階調]のいずれかに設定されている
	☐ [CMYKカラー]と[グレースケール]は原寸で300ppi以上、[モノクロ2階調]は600ppi以上の[解像度]に設定されている
	☐ リンク画像の場合はリンク切れがない
	☐ リンク画像は統合画像か1枚のレイヤーに結合されている
	☐ リンク画像のテキストレイヤーやシェイプレイヤー、レイヤー効果などはラスタライズされている
	☐ リンク画像に不要なチャンネルが含まれていない
	☐ リンク画像に不要なパスが含まれていない
	☐ リンク画像はIllustratorファイルと同じ階層(フォルダー)におさめられている
	☐ リンク画像が孫リンクを持たない(リンク画像内の配置画像はすべて埋め込まれている)
	☐ レイアウトファイルひとつで入稿する場合は、配置画像がすべて埋め込まれている
配置ファイル	☐ 配置ファイルがIllustratorファイルの場合、それに含まれるテキストはアウトライン化されている
	☐ 配置ファイルがリンクを持たない(リンクファイル内の配置画像や配置ファイルはすべて埋め込まれており、孫リンクが存在しない)
	☐ IllustratorファイルやPDFファイルの配置が不可の場合は、これらが配置されていない
オーバープリント	☐ 意図したオーバープリント設定になっている(体裁をオーバープリントプレビューで確認済みである)
	☐ 白のオブジェクトにオーバープリントが設定されていない
	☐ 淡い色のオブジェクトに意図しないオーバープリントが設定されていない
	☐ 自動墨ノセの可能性がある場合、オーバープリントに設定しない[K:100%]のオブジェクトに対して回避処理がおこなわれている([K:99%]またはCMYいずれかを[1%]追加など。P94参照)
透明オブジェクト	☐ [ドキュメントのラスタライズ効果設定]ダイアログで、[解像度:[高解像度(300ppi)]]に設定されている
	☐ 特色スウォッチと透明オブジェクトを重ねて使用していない ❗
	☐ グラデーションと透明オブジェクトを重ねて使用していない ❗
その他	☐ 孤立点が存在しない
	☐ [塗り]のみを設定した極細の直線(ヘアライン)を使用していない
	☐ 不要なレイヤーやオブジェクトが含まれていない
	☐ [レイヤーオプション]ダイアログで[プリント]にチェックが入っている
	☐ [レイヤーオプション]ダイアログで[テンプレート]にチェックが入っていない
	☐ [レイヤーオプション]ダイアログで[画像の表示濃度]にチェックが入っていない
	☐ 複雑なパターンやその変倍オブジェクトについてはラスタライズ済み ❗
	☐ 複雑なパスはラスタライズ済み ❗

❗ そのままでよい場合もあるため、印刷所の入稿マニュアルで確認するか、相談するとよい。

※上記のチェックリストは、印刷所の入稿マニュアルの指示と食い違ったり、不足していることもある。その場合は、印刷所を優先する。

CHAPTER4 入稿データの保存と書き出し

入稿データを作成する

入稿用のIllustratorファイルには、**テキストをアウトライン化する**[★4]、**アピアランス**を分割する[★5]、**配置画像**を埋め込む[★6]などの処理をおこないます。作業用ファイルをそのまま入稿データにするのではなく、**作業用ファイルを複製し**[★7]、それに変更を加えて[★8]入稿データとすると、修正が発生しても元のファイルで対応できます。

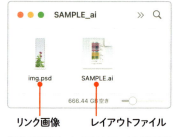

リンク画像　　レイアウトファイル

作業の段階で、レイアウトファイル(作業用ファイル)とそのリンク画像を同じフォルダーに入れておくと、入稿データもまとめやすい。

★4. アウトライン化せずに入稿する場合は不要。

★5. アピアランスを分割する／しないは、印刷所の指示による。

★6. リンク画像で入稿する場合は不要。印刷所によってはリンク／埋め込みのいずれかを指定しているところもある。

★7. 作業用ファイルの保存時の設定をきちんと把握できている場合は、デスクトップなどで複製したファイルを入稿データとしても問題ないが、旧バージョンで作成したファイルの再利用など、設定が曖昧な場合は、[コピーを保存]で保存しなおしたほうがよい。

★8. テキストのアウトライン化などの処理は、複製保存したファイルを再度開いておこなう。

Illustratorで複製ファイルを入稿用に保存する

STEP1. [ファイル]メニュー→[コピーを保存]を選択する

STEP2. ダイアログで[ファイル形式：Adobe Illustrator(ai)]を選択し、場所と[名前]を設定して、[保存]をクリックする

STEP3. [Illustratorオプション]ダイアログで[バージョン]を選択して、[オプション]と[透明]を設定し、[OK]をクリックする

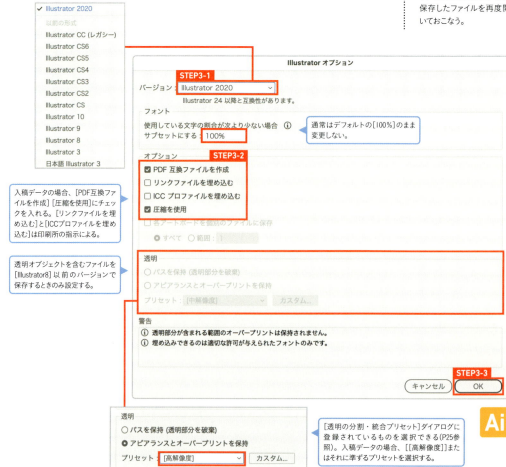

[Illustratorオプション]ダイアログの設定項目は、ひとつひとつが重要な意味を持ちます。まず[バージョン]で、**作業バージョン**または**印刷所が指定するバージョン**を選択します。Adobeソフトのバージョンは外部から判別できないため、選択したバージョンをファイル名に含めて記録しておくとよいでしょう。**Bridge**の[**ファイルプロパティ**]に表示されるバージョンは、あくまで「保存に使用したバージョン」が表示されるだけなので、あてになりません。CC以降は[**IllustratorCC**]または[**Illustrator2020**]になりますが、内部的には**作業バージョン**[*9]が記録されています。ところが、開くときにはその影響はなく、CC2024で作成したファイルも警告なしにCC2023で開けてしまいます[*10]。**旧バージョンにない機能を使用した部分は表示が崩れる**ことがあるため、保存に使用したバージョンで開くことが推奨されます。

[**オプション**]には4つの重要なチェック項目があります。入稿データの場合、[**PDF互換ファイルを作成**]には必ずチェックを入れます。Illustratorファイルの内容は、Illustrator以外では表示できませんが、**PDF互換ファイル**を作成しておくと、他のソフトウエアでも表示できます。印刷所では、InDesignやQuarkなど**Illustrator以外のソフトウエアで面付け作業をおこなう**こともあるため、PDF互換ファイルが存在しないと作業できません。

[**リンクファイルを埋め込む**]にチェックを入れると、リンク画像が**埋め込み画像に変換**されます[*11]。リンク切れを防ぐためにチェックを入れることを推奨している印刷所もありますが、指示がない場合、基本的にここにはチェックを入れず、埋め込み画像は手動で埋め込んだほうが、混乱も少ないです。

[**ICCプロファイルを埋め込む**]にチェックを入れると、**カラープロファイル**がファイルに埋め込まれます。カラープロファイルを埋め込むかどうかは、印刷所の指示に従ってください。不明な場合、国内用の入稿データについては実際のところ、埋め込みあり/なしのどちらでもかまいません。ただし、**RGB入稿の場合は埋め込みが必要**です。

[**圧縮を使用**]はチェックを入れたままにします。ここで使用されているのは可逆圧縮方式のため、圧縮しても劣化しません。オフにして保存すると、ファイルサイズが大きくなるだけでなく、非効率な構造のファイルになります。

[PDF互換ファイルを作成]をオフにして保存したIllustratorファイルのFinderのサムネール(左)と、それをInDesignに配置した状態(右)。ともに、内容のかわりに「これはPDFの内容を含めずに保存されたAdobe Illustratorファイルです」から始まる一連のテキストが表示される。

[*9]. CS以降、Illustratorのバージョンには、表面的なものと内部的なものがある。「Illustrator17」は「CC」に相当する。CC2020以前のCC(Illustrator17)からCC2019(Illustrator23)までは、「レガシーバージョン」と呼ばれる。

表面	内部
CS	Illustrator11
CS6	Illustrator16
CC	Illustrator17
CC2014	Illustrator18
CC2015	Illustrator19
CC2015.3	Illustrator20
CC2017	Illustrator21
CC2018	Illustrator22
CC2019	Illustrator23
CC2020	Illustrator24
CC2024	Illustrator28

[*10]. CC2014以降のファイルをCCで開くと、組版体裁が変化する。

[*11]. リンク画像が埋め込み画像に変換されるのは、ファイルを閉じたとき。作業途中で[リンクファイルを埋め込む]にチェックを入れて保存しても、閉じるまでの間はリンク画像として扱われる。この項目は、従来のバージョンでは、[配置した画像を含む]と表示される。

KEYWORD
PDF互換ファイル (ピーディエフごかん)

Illustrator以外でも内容を表示できるよう、PDF形式で保存されたファイル。Illustrator形式で保存する際に[PDF互換ファイルを作成]にチェックを入れると、これがファイルに含まれるかたちで保存されるため、InDesignに配置したり、Photoshopで開けるようになる。入稿データでは必ずチェックを入れること。

CHAPTER4 入稿データの保存と書き出し

Illustratorのパッケージ機能について

Illustratorでも**パッケージ**機能を利用できます。InDesign同様、レイアウトファイル、リンク画像やリンクファイル、フォントファイルなど、入稿に必要なファイルを一括で収集できます。

★12. 未保存部分があると、パッケージ機能は使用できない。

パッケージ機能でファイルを収集する

STEP1. ファイルを保存したあと★12、[ファイル]メニュー→[パッケージ]を選択する

STEP2. [パッケージ]ダイアログで[場所]と[フォルダー名]を指定したあと、[パッケージ]をクリックする

[リンクを別のフォルダーに収集]のチェックを外すと、レイアウトファイルとリンク画像が同じ階層にまとめられる。

[レポートを作成]にチェックを入れると、InDesignの[パッケージ]ダイアログと同じ内容（[カラーモード]やフォント、リンク画像の詳細など。P168参照）がテキストファイルに書き出される。

レイアウトファイル
レポート
リンクされたファイル
ドキュメントで使用されているフォント

[リンクを別のフォルダーに収集]にチェックを入れると、リンク画像やリンクファイルはこのフォルダーに集められる。同名のファイルは名前が変更されることがある。この「Links」フォルダーのみ、コンピューターの外に持ち出しても、リンク切れしない。

4-7 Photoshop形式で入稿する

Photoshop入稿を利用すれば、ラスター画像だけで入稿できます。最近ではPhotoshop形式で書き出せるソフトウエアも多く、プロユースのグラフィックソフトを持っていなくても、入稿データを作成できるようになりました。

画像を入稿データにできるPhotoshop入稿

Photoshop入稿では、**裁ち落としサイズのPhotoshopファイル（ラスター画像）**[★1]が入稿データになります。トンボを作成する必要がなく、IllustratorやInDesignなどを持っていなくても、Photoshop形式で書き出せるソフトウエアがあれば、入稿データを作成できます。

Photoshop入稿のチェックポイント

Photoshop入稿については、チェック項目はそれほど多くありません。新規ファイル作成段階で正確な**[サイズ]**や**[解像度]**を設定していれば、あとは**パスパネル**[★2]と**チャンネルパネル**[★3]を確認すればOKです。出力トラブルの原因となりやすいテキストレイヤーやレイヤー効果、リンク画像などについては、**画像を統合**すれば**ラスタライズ**されることになります。ただし、箔押しや多色刷りの入稿データで、レイヤーを残す必要がある場合は、レイヤーごとにラスタライズします。

サイズ	□ 仕上がりサイズの天地左右に、均等に裁ち落としを追加したサイズである
カラーモード	□ [CMYKカラー]［グレースケール］［モノクロ2階調]のいずれかに設定されている（※RGB入稿のぞく）
解像度	□ [CMYKカラー]と[グレースケール]は原寸で300ppi以上、[モノクロ2階調]は600ppi以上の解像度になっている
レイヤー	□ 統合されて「背景」になっている □ 箔押しや多色刷りの入稿データで、版ごとにレイヤーを分ける場合、それぞれのレイヤーは結合されて1枚になっている □ テキストレイヤーはラスタライズされている（統合した場合はチェック不要） □ レイヤー効果はラスタライズされている（統合した場合はチェック不要） □ シェイプレイヤーはラスタライズされている（統合した場合はチェック不要）
パス	□ パスパネルに不要なパスが保存されていない
チャンネル	□ チャンネルパネルに不要なチャンネルが作成されていない

※上記のチェックリストは、印刷所の入稿マニュアルの指示と食い違ったり、不足していることもある。その場合は、印刷所を優先する。

[★1] 天地左右の裁ち落としの幅が均等であれば、ラスター画像のみでも入稿できる。代表的なものがPhotoshop入稿だが、その他のファイル形式を受け付けている印刷所もある。RGB入稿が可能な印刷所は、CLIP STUDIO PAINTやSAI、Wordなどのユーザーも利用者として想定していることが多く、入稿可能なファイル形式の範囲が広めに設定されていることが多い。

[★2] 入稿データの場合、「必要なパス」として考えられるものは、シールなどのカット位置を指定するカットパスなど（P194参照）。

[★3] 「不要なチャンネル」に相当するのは、使用していないアルファチャンネルと、使用していないスポットカラーチャンネル。

CHAPTER4 入稿データの保存と書き出し

入稿データをPhotoshop形式で保存する

関連記事｜配置画像として安定のPhotoshop形式 P61

　画像の統合やラスタライズなどをおこなうと、元の状態には戻せません。作業用ファイルをそのまま入稿データにするのではなく、**複製ファイルを作成する**と[★4]、修正が発生しても元のファイルで対応できます。

★4．作業用ファイルの保存時の設定をきちんと把握できている場合は、デスクトップなどで複製したファイルを入稿データとしても問題ないが、設定が曖昧な場合は、[コピーを保存]で保存しなおしたほうがよい。

Photoshopで複製ファイルを入稿用に保存する

STEP1．［ファイル］メニュー→［コピーを保存］を選択する
STEP2．ダイアログで［フォーマット：Photoshop］を選択し、場所と［名前］を設定する
STEP3．［レイヤー］のチェックを外して、［保存］をクリックする

スポットカラーチャンネルで特色版を作成した場合、[スポットカラー]にチェックが入る。オフにして保存すると、スポットカラーチャンネルは破棄されるため、チェックを入れたまま保存する。スポットカラーチャンネルの使用自体が誤りで、その部分をCMYKチャンネルに分解してもかまわない場合は、チェックを外す。

[CMYKカラー]や[グレースケール]の場合、[カラープロファイルの埋め込み]のオン／オフは印刷所の指示による。RGB入稿の場合は必要。

テキスト
レイヤー効果
透明
シェイプレイヤー

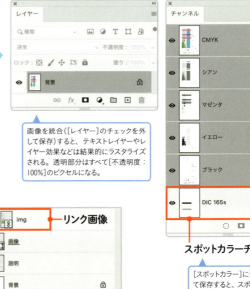

画像を統合（[レイヤー]のチェックを外して保存）すると、テキストレイヤーやレイヤー効果などは結果的にラスタライズされる。透明部分はすべて[不透明度：100％]のピクセルになる。

リンク画像

スポットカラーチャンネル

[スポットカラー]にチェックを入れて保存すると、スポットカラーチャンネルが保持される。

Illustrator入稿からPhotoshop入稿に切り替える

関連記事｜事前に分割・統合する P87

　Illustratorで作成した入稿データでも、複雑な透明効果を使用し、ラスタライズしたほうが安定した結果が望めそうな場合は、Photoshop入稿に切り替える方法もあります[5]。書き出し範囲は**アートボード**が基準になるため、アートボードの[サイズ]や位置、**裁ち落とし**が意図したとおり設定されているか、書き出す前に確認します[6]。

Illustratorで入稿用のPhotoshopファイルを書き出す[7]

STEP1.　[ファイル]メニュー→[書き出し]→[書き出し形式][8]を選択する
STEP2.　[ファイル形式：Photoshop(psd)]に設定し、場所や[名前]を設定し、[アートボードごとに作成]にチェックを入れたあと、[書き出し]をクリックする
STEP3.　[Photoshop書き出しオプション]ダイアログで[カラーモード：CMYK] [解像度：350ppi] [統合画像] [アンチエイリアス：アートに最適(スーパーサンプリング)]に設定し、[OK]をクリックする

★5. IllustratorファイルをPhotoshop形式で保存すると、特色スウォッチは基本インキCMYKに分解される。特色スウォッチを保持する場合は、この方法は利用できない。

★6. 書き出し後に保存したファイルを開き、体裁などを確認する。パターンの途中に白スジ発生など、ラスタライズにともなう新たな問題が発生することがある（解決策はP83参照）。

★7. 入稿用のIllustratorファイルをPhotoshopで開いて保存する方法もある。仕上がりサイズが大きすぎてIllustratorから書き出せない場合、この方法でPhotoshopファイルに変換できることがある。

★8. CC2015以前では、[ファイル]メニュー→[書き出し]を選択する。

4-8 RGB入稿について

RGB入稿を利用する場合、必須となるのが、入稿データへのカラープロファイルの埋め込みです。カラープロファイルがない場合、制作者の意図した色を、印刷所に伝えることができません。

RGB入稿の特長と注意点

関連記事 | Adobe RGBとsRGB P16

[カラーモード：RGBカラー]のファイルを入稿データとし、印刷所で[CMYKカラー]への変換をおこなう、いわゆる「RGB入稿」を受け付けている印刷所もあります。これにより、SAIやCLIP STUDIO PAINTなど、[カラーモード：CMYKカラー]で編集できないソフトウエアでも、入稿データを作成できます。また、独自の変換テーブルを用意している印刷所もあり、自分で変換するより、印刷所に任せたほうが、ディスプレイの発色に近い仕上がりを望めることもあります。

RGB入稿用のファイルには、**作業環境のカラープロファイルを必ず埋め込み**ます。カラープロファイルは**色の見えかたを指定する**[★1]もので、これが埋め込まれていないと、印刷所で開くときに作業環境のカラープロファイルがわからないため、同じ見た目を再現できません[★2]。カラープロファイルが推測できない場合、印刷所によっては、規定のカラープロファイル[★3]を使用して開くことになりますが、それが作業環境と異なる場合、色が変わってしまいます。その状態でさらに[CMYKカラー]に変換するため、想定外の色で印刷されることがあります[★4]。

★1. 同じ[カラー値]の色でも、使用するカラープロファイルによって、色の見えかたが変わる。[カラー値]とディスプレイに表示する色の見た目を紐付けるのが、カラープロファイル。

★2. ただし、ディスプレイの特性もあるため、印刷所で作業環境と同じカラープロファイルを使用して開いても、作業環境に完全一致するわけではない。

★3. 不明な際に使用するカラープロファイルを明言している印刷所もある。

★4. カラープロファイルが埋め込まれていても、[CMYKカラー]への変換の際に失われる色域もある。

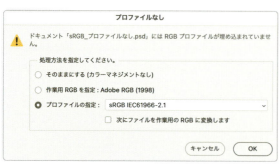

カラープロファイルが埋め込まれていないファイルを開くときに表示されるダイアログ。作業環境と異なるカラープロファイルを選択した場合は、見た目の色が変わる。ただし、RGBの[カラー値]は変わらない。

そのままにする（カラーマネジメントなし）	[カラー設定]のカラープロファイルを使用して開く。情報パネルには「タグのないRGB」と表示される。
作業用RGBを指定	[カラー設定]のカラープロファイルを使用して開く。情報パネルには使用したカラープロファイルが表示される。
プロファイルの指定	指定したカラープロファイルを使用して開く。情報パネルには使用したカラープロファイルが表示される。

カラープロファイルは、[情報パネルオプション]ダイアログで[ステータス情報]の[ドキュメントのプロファイル]にチェックが入っていれば表示される。[情報パネルオプション]ダイアログは情報パネルのメニューから開ける。

ドキュメントのプロファイル

作業環境で開いた状態。[作業用スペース]は[Adobe RGB（1998）]。

※[作業用スペース]は、作業環境のカラープロファイル。

カラープロファイルを埋め込み保存して閉じたあと、再び開いた状態。カラープロファイルが埋め込まれていれば、他のコンピューターにファイルを移動しても、作業環境のカラープロファイルを知ることができる。同じカラープロファイルを使用して開くと、作業環境と同じ見た目で表示される。

カラープロファイルを埋め込まずに保存して閉じたあと、作業環境と異なるカラープロファイル[sRGB IEC61966-2.1]を使用して開いた状態。色の見た目が変わっている。全体的にくすんでいるのは、[Adobe RGB（1998）]で作成された色をそれより色域の狭い[sRGB IEC61966-2.1]に変換したため。

カラープロファイルを埋め込んで保存する

　カラープロファイルの埋め込みは、**ファイル保存時のダイアログ**でおこないます[★5]。ダイアログで**[カラープロファイルの埋め込み]**にチェックを入れると、埋め込めます。カラープロファイルを埋め込まずに保存したファイルに、カラープロファイルを埋め込み直す場合は、［ファイル］メニュー→［別名で保存］などを選択して、ダイアログを経由する必要があります。

[カラープロファイルの埋め込み]はデフォルトでチェックが入るため、そのまま保存すれば埋め込まれる。

カラープロファイルを確認する

　埋め込みの有無や、埋め込まれたカラープロファイルは、Finderの**[情報を見る]**で確認できます。埋め込まれていない場合は、［詳細情報］に［カラープロファイル］の項目自体が表示されません。

　Photoshopの情報パネルに表示されるのは、そのファイルを開くために使用しているカラープロファイルで、埋め込まれたものではありません。なお、Bridgeでは、カラープロファイルが埋め込まれていないファイルにも、カラープロファイルが表示されることがあります。カラープロファイルが埋め込まれていたファイルを、カラープロファイルを埋め込まずに別名保存した場合などに、元のファイルのカラープロファイルが表示されます。

★5．SAIなど、そもそもカラープロファイルを埋め込みできないソフトウエアもある。その場合、使用したソフトウエアや、ディスプレイのカラープロファイルなどの作業環境の情報を、入稿データ仕様書に記載すれば、印刷所である程度まで近いものを推測して使用することもある（参考にせず規定のカラープロファイルで開く印刷所もある）。

Finderでファイルを選択し、［ファイル］メニュー→［情報を見る］を選択すると開く。

4-9 EPS形式で入稿する

EPS形式での入稿を求められた場合は、ネイティブ形式のファイルを再保存することで対応できます。[透明の分割・統合プリセット]をきちんと設定するのがポイントです。

Illustrator EPS入稿に転用する

Illustrator EPS形式[★1]で入稿する場合は、ネイティブ入稿用に作成したIllustratorファイルを、**Illustrator EPS形式で再保存**します。このときの注意点は、保存時の**[EPSオプション]ダイアログ**で**[透明の分割・統合プリセット]**を適切に設定する必要がある[★2]という点です。

Illustratorで複製ファイルをEPS形式で保存する

STEP1. [ファイル]メニュー→[コピーを保存]を選択する

STEP2. ダイアログで[ファイル形式:Illustrator EPS(eps)]を選択し、場所と[名前]を設定して、[保存]をクリックする

STEP3. [EPSオプション]ダイアログで設定し、[透明]で[プリセット:[高解像度]]に設定して、[OK]をクリックする

★1. PostScriptベースの商業印刷機が主流だった時代に、入稿にさかんに使用されていたファイル形式が、EPS形式。PDFベースが業界標準となっている現在、積極的に使用するファイル形式ではない。ただし、この形式での入稿が必要なケースもあるため、応急処置的に解説する。

★2. デフォルトでは[プリセット:[中解像度]]に設定されるため、設定を必ず確認する。

IllustratorCCから IllustratorCS EPSまで	[オーバープリント]と[プリセット]を設定する。[オーバープリント]は[保持]または[破棄]を選択できる。
Illustrator10 EPSから Illustrator9 EPSまで	[プリセット]のみを設定する。
Illustrator8 EPS以前	[パスを保持(透明部分を破棄)][アピアランスとオーバープリントを保持]のいずれかを選択し、[プリセット]を設定する。[パスを保持(透明部分を破棄)]を選択すると、透明効果が破棄され、[不透明度:100%][描画モード:通常]にリセットされる。[アピアランスとオーバープリントを保持]を選択すると、透明オブジェクトと重ならない部分のオーバープリントは保持されるが、重なる部分は分割・統合される。

※[EPSオプション]ダイアログの内容は、[バージョン]の選択によって変化する。[プリセット]は[透明の分割・統合プリセット]のこと。

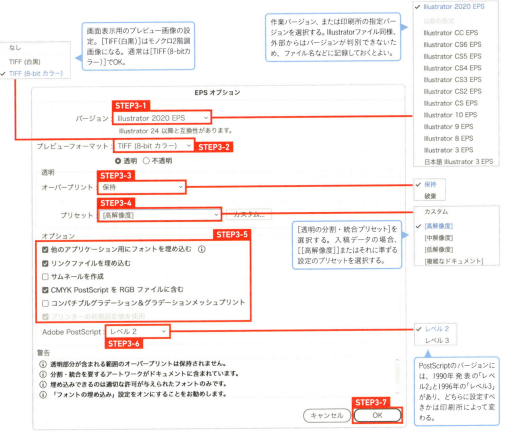

[オプション]については、入稿する印刷所によって適切な設定が変わる。

作業バージョンで保存した場合

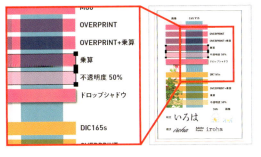

作業バージョン(Illustrator CC2020)で保存したもの。Illustratorで開くと、透明部分や特色スウォッチ、オーバープリントがほぼそのまま保持された状態で表示される。InDesignに配置すると、透明部分を分割・統合したものが表示される。

[バージョン：Illustrator 8 EPS]で保存した場合

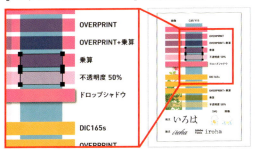

Illustrator 8以前のバージョンで保存すると、Illustratorで開いても、透明部分は分割・統合され、特色スウォッチは基本インキCMYKに分解された状態で表示される。

CHAPTER4 入稿データの保存と書き出し

Photoshop EPS入稿に転用する

関連記事｜ひとつの選択肢としてのPhotoshop EPS形式 P62

Photoshop入稿用のファイル[★3]を**Photoshop EPS形式で再保存**する場合、保存時の**スポットカラーチャンネルの削除**にともない、**特色の版も消滅**する点に注意します。Photoshop形式での保存時のように、ダイアログの設定でCMYKチャンネルに分解することもできないため、色を擬似的に表現する場合は、事前に処理[★4]します。特色の版を残す必要がある場合は、別のファイル形式での入稿[★5]を検討したほうがよいでしょう。

[★3]. 画像の統合や、不要なチャンネルやパスの削除など、Photoshop入稿に必要な処理を済ませたファイルを前提としている。

[★4]. チャンネルパネルのメニューから[スポットカラーチャンネルを統合]を選択すると、CMYKチャンネルに分解できる。

[★5]. 基本インキCMYK＋特色インキ（スポットカラーチャンネル）の場合、通常はPhotoshop形式で入稿する。Photoshop EPS形式でも、4色までの特色印刷ならば、基本インキCMYKに振り分けるかたちでの入稿データ（P104参照）は作成可能。

Photoshopで複製ファイルをEPS形式で保存する

STEP1. ［ファイル］メニュー→［コピーを保存］を選択する

STEP2. ダイアログで［フォーマット：Photoshop EPS］を選択し、場所と［名前］を設定したあと、［保存］をクリックする

STEP3. ［EPSオプション］ダイアログで設定し、［OK］をクリックする

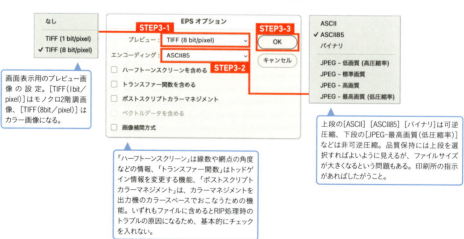

元のPhotoshopファイル　　EPS形式で再保存したファイル

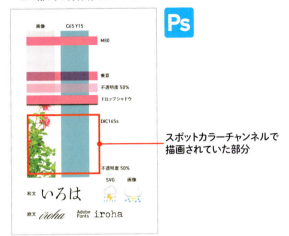

スポットカラーチャンネルで描画されていた部分

スポットカラーチャンネル

Photoshop EPS形式で保存すると、スポットカラーチャンネルは削除される。それにともない、スポットカラーチャンネルで描画されていた部分も消滅する。

Illustrator EPSとPhotoshop EPSの違い

Illustrator EPSとPhotoshop EPSには、保存したソフトウエアのほかにも、細かな違いがあります。とくにIllustrator EPSの場合、**データの構造にIllustratorのバージョンが影響**し、異なるバージョンで開くとそれが変化することがあるため、保存バージョン[★6]を把握しておく必要があります。

★6. 保存バージョンは、[EPSオプション]ダイアログで設定した[バージョン]のこと。

	Illustrator EPS	Photoshop EPS	備考
バージョン	影響する	影響しない	Illustrator EPSは保存バージョンで開くことが推奨されている。
拡張子	.eps	.eps	同じ拡張子になるため、サムネールをダブルクリックすると、作成したソフトウエア以外で開くことがある（OSの関連付けが影響する）。
レイヤー	保持	統合	Photoshop EPSの場合、画像が統合されて「背景」にまとめられる。
特色版	保持	削除	Illustrator EPSでも、旧バージョンでは特色スウォッチが基本インキCMYKに分解されることがある。ただし、Photoshop EPSのように、特色スウォッチが設定されたオブジェクトが消滅するわけではない。
用途	箔やエンボスなど表面加工用の版	配置画像	EPS形式のみを受け付けている機材で印刷するために、必要とされることがある。

4-10 CLIP STUDIO PAINTで入稿データを作成する

CLIP STUDIO PAINTは、印刷に適した[カラーモード]のPhotoshopファイルを書き出せます。[CMYKモード]で編集できないものの、表示用のカラープロファイルをうまく使えば、ある程度はインキをコントロールできます。

CLIP STUDIO PAINTで作成できる入稿データ

Photoshopの場合、[カラーモード]はファイルに設定しますが、CLIP STUDIO PAINTの場合は、**レイヤー**[★1]と、**書き出し時のダイアログ**で設定します。これには設定次第で、**他の[カラーモード]につくり変える**ことができる、というメリットがあります。たとえば、[解像度]さえ足りていれば、カラーイラストをモノクロ漫画原稿につくり変えることも可能です。なお、CLIP STUDIO PAINTでは、[カラーモード]を**[表現色]**と呼びます。レイヤーに設定するものと、書き出し時のダイアログの選択肢の名称が若干異なるため、対応関係をそれぞれ把握する必要があります。

> ★1. InDesignもファイル自体は[カラーモード]を持たず、異なる[カラーモード]のオブジェクトや画像を混在させることができるが、それに似たシステムと考えるとよい。

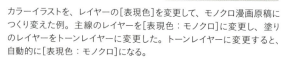

カラーイラストを、レイヤーの[表現色]を変更して、モノクロ漫画原稿につくり変えた例。主線のレイヤーを[表現色：モノクロ]に変更し、塗りのレイヤーをトーンレイヤーに変更した。トーンレイヤーに変更すると、自動的に[表現色：モノクロ]になる。

カラーイラストを、書き出し時に[表現色：モノクロ2階調（トーン化）]を選択して、モノクロ漫画原稿につくり変えた例。主線のレイヤーも網点化されるため、ぼんやりとした主線になる。このような場合、レイヤーの[表現色]を変更したほうが、鮮明な仕上がりになる。

カラーモード	表現色	解像度	用途
モノクロ2階調	モノクロ 【モノクロ2階調（閾値）】または 【モノクロ2階調（トーン化）】	600ppi以上	モノクロ漫画原稿やモノクロイラストなど
グレースケール	グレー 【グレースケール】	300ppi以上	モノクロイラストや写真など
CMYKカラー	カラー 【CMYKカラー】	300ppi以上	カラーイラストや写真など
RGBカラー	カラー 【RGBカラー】	300ppi以上	カラーイラストや写真など（RGB入稿用）

※Adobeソフトの［カラーモード］とCLIP STUDIO PAINTでの名称の対応と、それぞれの［解像度］の目安。【】内は、［書き出し設定］ダイアログでの名称。

　入稿データは、**ラスター画像**に書き出して作成します。CLIP STUDIO PAINTで書き出せるファイル形式のうち、入稿データに使用できるのは、おもに**Photoshop形式**と**TIFF形式**です。トンボやノンブルなども含めるかどうかは、印刷所によって変わるため、入稿マニュアルで確認します。一般的なPhotoshop入稿に対応する場合は、**［psd書き出し設定］ダイアログで［［背景］として出力する］**にチェックを入れ、［出力イメージ］で**［出力範囲：トンボの裁ち落としまで］**[★2]に設定します。

カラーイラストは可能ならRGB入稿がおすすめ
関連記事｜RGB入稿の特長と注意点 P178

　CLIP STUDIO PAINTは、［カラーモード：CMYKカラー］の画像を編集できません。書き出し時に［表現色：CMYKカラー］を選択して、［CMYKカラー］の画像に書き出すことはできますが、書き出した画像をCLIP STUDIO PAINTで開くと、［RGBカラー］の画像に変換されてしまいます。そのため、入稿データを書き出したあとで修正箇所を発見した場合は、元のファイルに修正を加え、そこから再度書き出すことになります。

　また、**黒［R：0／G：0／B：0］**の部分については、**基本インキCMYKすべてを使用した色**[★3]に変換されるため、**版ずれ**によって細かい文字の可読性が落ちたり、トンボを一緒に書き出してもそれが［100％］で印刷されないといった問題が発生します。可能であれば、［RGBカラー］の画像で入稿し、印刷所で［CMYKカラー］に変換するほうが、出力トラブルも少なく、ディスプレイの色に近い仕上がりも望めることがあります。

　RGB入稿が不可能なケースや、どうしても［CMYKカラー］の画像で用意しなければならない場合は、**表示用のカラープロファイル**を**［CMYK：Japan Color 2001 Coated］**などの印刷に適したものや印刷所の指定したものに設定し、色の見えかたを確認してから書き出します。

★2．［新規］ダイアログの［プリセット］には、デフォルトで［裁ち落とし幅：5mm］に設定されるものもあるが、一般的な裁ち落としは［3mm］であることが多い。印刷所の指示が［3mm］の場合は、［キャンバス基本設定を変更］ダイアログで変更する。

★3．印刷所によっては、画像内の［R：0／G：0／B：0］を［C：0％／M：0％／Y：0％／K：100％］にする変換テーブルを用意しているところもある。

CHAPTER4 入稿データの保存と書き出し

CLIP STUDIO PAINTで[カラーモード：CMYKカラー]で書き出す

STEP1. [表示]メニュー→[カラープロファイル]→[プレビューの設定]を選択する

STEP2. [カラープロファイルプレビュー]ダイアログで[プレビューするプロファイル：CMYK：Japan Color 2001 Coated]に設定して、[OK]をクリックする

STEP3. [ファイル]メニュー→[画像を統合して書き出し]→[.psd(Photoshopドキュメント)][★4]を選択し、ダイアログで場所と[名前]を設定し、[保存]をクリックする

STEP4. [psd書き出し設定]ダイアログで[[背景]として出力する]にチェックを入れたあと、[表現色：CMYKカラー]に設定し、[ICCプロファイルの埋め込み]にチェックを入れて、[OK]をクリックする

★4. 複数ページを一括で書き出す場合は、[ファイル]メニュー→[複数ページ書き出し]→[一括書き出し]を選択する。[一括書き出し]ダイアログで[ファイル形式：.psd(Photoshopドキュメント)]に設定して[psd書き出し設定]ダイアログで設定する。ただしEXのみ。

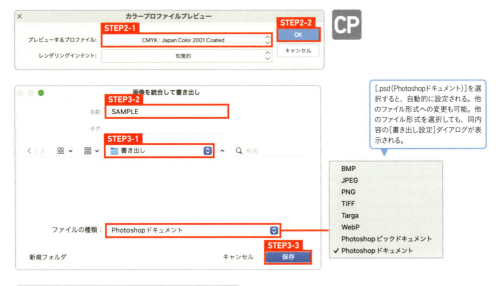

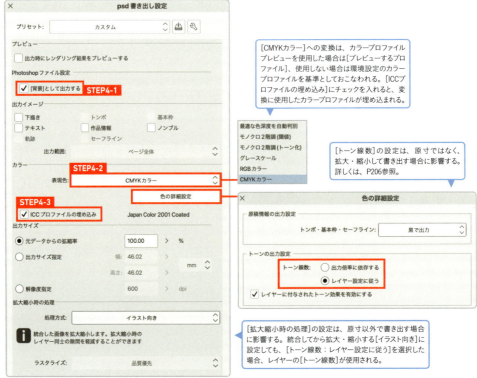

［カラープロファイルプレビュー］ダイアログで[色調補正]にチェックを入れ、[トーンカーブ]や[レベル補正]を選択すると、［カラー値］をある程度調整できます。たとえば[Magenta]を選択し、トーンカーブを上側へ引っ張れば、Mインキを強めることができます。ただし、黒の部分については、CMYKすべてを使用するため、[KeyTone]を選択してトーンカーブを上側へ引っ張っても、すべての版の[カラー値]が増すだけで、黒の部分をK版に集めることにはなりません。

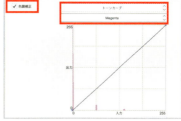

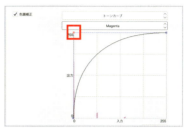

［モノクロ2階調］できれいに書き出すコツ

［モノクロ2階調］については、書き出しを利用するより、作業用ファイルの**レイヤー設定**を見直したほうが、意図したとおりに仕上がります。レイヤープロパティパネルで、主線のレイヤーを**[表現色：モノクロ]**、グレーやグラデーションの塗りつぶしのレイヤーを**[効果：トーン]**に設定すると、［モノクロ2階調（閾値）］と［モノクロ2階調（トーン化）］[★5]のどちらを選択しても、きれいに書き出せます。

★5. 括弧内はグレーのピクセルが存在したときの処理法をあらわす。［モノクロ2階調（閾値）］は閾値で白または黒に振り分け、［モノクロ2階調（トーン化）］は網点化でグレーの部分を表現する。グレーのピクセルが存在しない場合は、どちらを選択しても同じ結果になる。

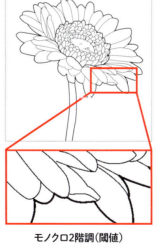

グレースケール　　モノクロ2階調(閾値)　　モノクロ2階調(トーン化)

グレースケールの線画を、それぞれの設定で書き出したもの。［モノクロ2階調（閾値）］はシャープに仕上がるが、［モノクロ2階調（トーン化）］はグレーの部分が網点化されるため、ややぼそぼそした線になる。線画のみの場合は［モノクロ2階調（閾値）］を選択すればよいが、線画と塗りが混在している場合は、レイヤーの設定を見直したほうがきれいに仕上がる。ただし、レイヤー数が多すぎて見直しが困難な場合は、主線のレイヤーだけ[表現色：モノクロ]に設定して、［psd書き出し設定］ダイアログで[表現色：モノクロ2階調（トーン化）]を選択する方法もある。

CHAPTER4 入稿データの保存と書き出し

CMYK書き出しを2色分版に使う

　カラープロファイルプレビューを利用して、2色刷り用に分版[★6]することもできます。**[カラープロファイルプレビュー]**ダイアログで**トーンカーブを水平**にすると**[カラー値：0%]**に変更でき、そのチャンネルが空（何も描画されていない状態）になります。この状態で**[表現色：CMYKカラー]**で保存すると、特定のチャンネルを空にしたファイルを作成できます。

CLIP STUDIO PAINTでシアンチャンネルとイエローチャンネルを空にする

STEP1.　［表示］メニュー→［カラープロファイル］→［プレビューの設定］を選択し、［カラープロファイルプレビュー］ダイアログで［プレビューするプロファイル：CMYK：Japan Color 2001 Coated］に設定したあと、［色調補正］にチェックを入れる

STEP2.　[Cyan]を選択したあと、右上角のポイントを下へドラッグしてトーンカーブを水平にする

STEP3.　[Yellow]を選択したあと、右上角のポイントを下へドラッグしてトーンカーブを水平にし、[OK]をクリックする

★6．この方法での分版は、写真や、階調表現のあるイラストなどが向いている。[カラー値：0%]にするのはやすいが、[カラー値：100%]になるように分版するのは難しく、濃い色も必ず網点化されてしまうため、広いべた塗り面がある色差の激しいイラストなどは、すっきりとした仕上がりにはならない。Photoshopがあれば、分版作業はそちらでおこなったほうがよい。

Photoshopで開くと、シアンチャンネルとイエローチャンネルが空になっていることがわかる。

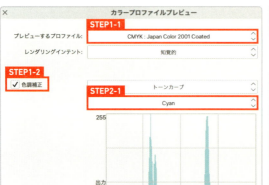 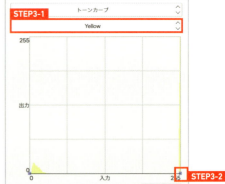

CHAPTER 5

いろいろな入稿データ

CHAPTER5 いろいろな入稿データ

5-1 書籍のカバーをつくる

書籍のカバーは、表1／表4、背、袖の5つのパーツで構成されています。背幅は、本の仕様が確定するまではわからないため、暫定の背幅で作業します。カバーの応用で、帯や表紙を作成できます。

長方形を組み合わせて仕上がりラインをつくる

Illustratorで作成する方法を解説します。サンプルは本書と同じ、左綴じ横書きのソフトカバー（並製本）と想定します。まずは作業用の新規ファイルを作成しますが、ここで決めかねるのが**アートボードの[サイズ]**です。ソフトカバーの場合、[高さ]はたいてい本文と同じ、またはトンボぶんの余裕を足した値[★1]でOKですが、[幅]については、本の仕様が確定するまでは、正確な数値が見えないものです[★2]。とくに**背幅**は、ページ数や用紙が確定するまではわからないため、納期に余裕がない場合は、暫定の値で作業を始めることになるでしょう。背と表1、表4がシームレスな絵柄やデザインの場合、背幅が多少変わっても融通がきくように設計します。

まず、**表1**、**背**、**袖**のサイズの長方形[★3]を作成します。表1と袖を複製したあと、左から表4袖、表4、背、表1、表1袖の順に並べます。背をアートボードの中央に配置したあと、これを**キーオブジェクト**に設定し、整列パネルで[間隔：0]に設定し、[水平方向等間隔に分布][垂直方向中央に整列]で整列して、高さを揃えてぴったりと隣り合わせます。

★1. このサイズには、折トンボが外部から見えるというメリットがある。

★2. 印刷所にサイズを問い合わせるのがベスト。ソフトカバーの場合、通常、表1は本文と同じ（または袖側に1mm追加）。袖は本のサイズによって変わるが、不明な場合、とりあえず50mmから100mm程度を想定しておくとよい。

★3. 袖の長方形を削除すると、表紙に流用できる。ただし、表紙とカバーで背幅が変わることもあり、その場合は背の長方形の[幅]を変更して対応する。通常、カバーの背幅は表紙より1mmほど長めにとる。

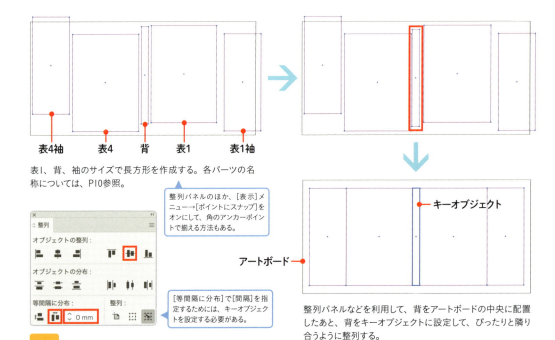

表1、背、袖のサイズで長方形を作成する。各パーツの名称については、P10参照。

整列パネルのほか、[表示]メニュー→[ポイントにスナップ]をオンにして、角のアンカーポイントで揃える方法もある。

[等間隔に分布]で[間隔]を指定するためには、キーオブジェクトを設定する必要がある。

整列パネルなどを利用して、背をアートボードの中央に配置したあと、背をキーオブジェクトに設定して、ぴったりと隣り合うように整列する。

190

これらの長方形は、カバーを構成するパーツそれぞれの**仕上がりサイズ**を示します。最終的に**トンボの基準**となるほか、**トリミング枠**や**クリッピングパス**、折トンボの位置を決めるための**キーオブジェクト**としても使えます。ガイド化[★4]するより、オブジェクトのままレイヤーを分けて重ねておくほうが、何かと便利です。これらの長方形を目安に、別途レイヤーを作成して、デザイン作業を進めます。

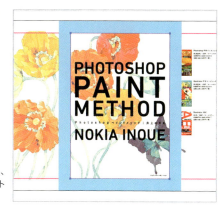

トリミング枠に転用した例。[線幅]を太めに変更し、[線の位置：線を外側に揃える]に設定すると、トリミング枠になる（P38参照）。

確定した背幅に合わせてオブジェクトを移動する

★4．Illustratorの[表示]メニュー→[ガイド]→[ガイドを作成]でガイド化する機能のこと。

背幅が確定したら、それに合わせて表1／表4や袖の仕上がりサイズ（長方形）とデザイン（オブジェクト）を移動します。暫定の背幅と確定した背幅の差分を調べ、**変形パネルの座標**や**[移動]ダイアログ**などを利用して、正確な位置へ移動します。

背の長方形の[幅]を、確定した値に変更する。

背の長方形をキーオブジェクトに設定し、他の長方形の位置を揃える。

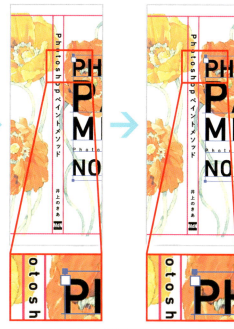

背の左右のオブジェクトの位置を調整する。ロックされたオブジェクトは選択から漏れてしまうため、移動の前に取りこぼしがないかよく確認する。

[オブジェクト]メニュー→[変形]→[移動]を選択すると、[移動]ダイアログで距離を指定して移動できる。[水平方向]に、背幅の暫定値と確定値の差分の半分を入力する。

表1の長方形と一緒にデザインを移動する方法もある。背の長方形の角の座標を調べ、表1の長方形とデザインを選択した状態で、表1の長方形の角の座標を背に揃える。

トンボや折トンボを作成する

関連記事｜描画ツールで折トンボを描く P39

　コーナートンボとセンタートンボは、最初に作成した5つの長方形から作成します。5つの長方形を選択して[**塗り：なし**] [**線：なし**]に変更したあと、[**オブジェクト**]メニュー→[**トリムマークを作成**]を選択すると、カバー全体のサイズで**トンボ**を作成できます[★5]。背や袖の折位置には、**折トンボ**を作成します。長方形を**キーオブジェクト**として利用すると、折トンボの位置合わせが簡単です。

★5.　複数のオブジェクトを選択した状態で[トリムマークを作成]を選択すると、選択したオブジェクト全体のサイズでトンボが作成される。

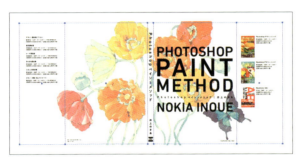

5つの長方形を選択し、[塗り：なし] [線：なし]に変更する。

カバーのトンボ（コーナートンボとセンタートンボ）は、表1／表4と袖、背を足したサイズで作成する。

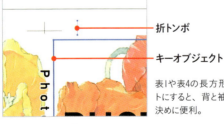

表1や表4の長方形をキーオブジェクトにすると、背と袖の折トンボの位置決めに便利。

折トンボ
キーオブジェクト

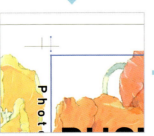 →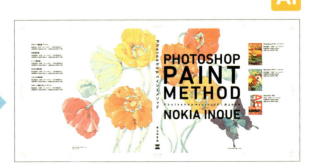

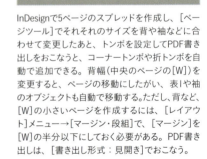

InDesignで5ページのスプレッドを作成し、[ページツール]でそれぞれのサイズを背や袖などに合わせて変更したあと、トンボを設定してPDF書き出しをおこなうと、コーナートンボや折トンボを自動で追加できる。背幅（中央のページの[W]）を変更すると、ページの移動にしたがい、表1や袖のオブジェクトも自動で移動する。ただし、背など、[W]の小さいページを作成するには、[レイアウト]メニュー→[マージン・段組]で、[マージン]を[W]の半分以下にしておく必要がある。PDF書き出しは、[書き出し形式：見開き]でおこなう。

バーコードを入れる場合

バーコード（ISBNコード）を入れる位置[★6]は、規定で定められています。この場合も、背の長方形をキーオブジェクトに設定すると、位置合わせが簡単です。

バーコードの可読性のために、背景にも規定があります。たとえば、カバー全面にイラストや写真などを配置した場合、**バーコードの周囲5mmは無地**になるよう処理します。変形パネルでバーコード全体のサイズを調べ、それに規定の余白を追加した長方形を作成してバーコードの背面に中心を揃えて配置すると、対応できます。

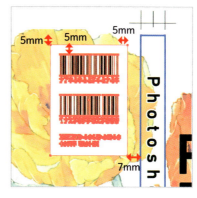

効率よく帯をつくる

帯がある場合、ぎりぎりまでカバーと同じファイルで作成し、入稿時にファイルを分けるようにすると、カバーとのつながりを確認しながら作業できる、帯を重ねた状態で画像を書き出せる[★7]、などのメリットがあります。あとでファイルを分解しやすいよう、レイヤーは完全に分けて作業することをおすすめします。カバーと帯の折位置が同じ場合[★8]、天側の折トンボは、変形パネルの座標で[Y]の値を変更すれば、カバーのものを再利用できます。

★6. バーコードの位置については、日本図書コード管理センターのサイト（https://isbn.jpo.or.jp/）を参照。

★7. 商品画像（書影）や電子書籍用の表紙として必要となることがある。

★8. 折位置が異なる場合もある。そのときは、[X]の値も調整する。

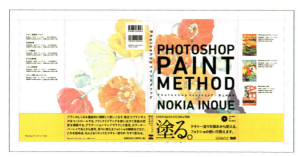

作業時は、帯を裁ち落としなしの状態にしておくと、カバーとのつながりをシミュレーションできる。入稿時の裁ち落としの追加は、帯の背景が長方形の場合は[サイズ]の変更、配置画像の場合はクリッピングマスクで切り抜き、そのクリッピングパスの[サイズ]を変更することで対応できる。

このほか、帯のデザインをおさめたIllustratorファイルを配置して、作業する方法もある。

帯の入稿データ。書籍の帯は、特色1色刷りや2色刷りが多い。ここでは、黒の部分を基本インキCMYKのうちのCインキ、黄色の部分をMインキで作成。このようなデータのつくりかたは、P104参照。

5-2 型抜きシールをつくる

トムソン加工やレーザーカットなどを利用すると、自由なかたちに切り抜いたシールやステッカーなどを制作できます。切り抜きの形状はおもにパスで指定します。

カットラインを作成できるソフトウエア

切り抜き加工には、型で紙を打ち抜くトムソン加工や、ナイフ（刃）やレーザーカッターによるカッティングなどさまざまなものがありますが、いずれにせよ必要となるのが、「**カットライン**[*1]」と呼ばれる、切り抜き形状の指定です。

通常、カットラインは**パスで指定**します。このパスを「**カットパス**」と呼びます。カットパスとその他のデザインが明確に区別できるよう、レイヤーを分けて保存できる**Illustrator形式**での入稿が一般的です。カットパスは**独立したレイヤー**に置き、[線幅]や色の指定がある場合はそれにしたがいます。レイヤーにはカットパス以外のオブジェクトを置かないように気をつけましょう。

印刷所によっては、Photoshop形式の入稿を受け付けているところもあります。この場合、**パスパネル**にカットパスを置くことで、デザインと区別できます。また、他の形式で入稿できるところもあるため、入稿マニュアルで確認するとよいでしょう。

Illustratorで型抜きシールの入稿データを作成する

カットパスは一筆描きの**クローズパス**[*2]で、なおかつ、「8」の字のような**ねじれがない**ことが条件になります。また、**鋭い切れ込みや角を避ける**ことをおすすめします。納品時に先端が折れやすくなったり、交差地点に切れ込みが入るなどのトラブルが発生することがあるためです。切れ込みや角はできるだけ緩やかになるように調整しましょう。可能であれば、角のないパスにすると、きれいな仕上がりになります。

カット位置には、**ずれ**が生じることがあります。1mm程度のずれは織り込み済みでデザインを考えましょう。切れてはいけない文字や重要な図柄などは、多少ずれても切れない位置[*3]に配置します。

★1. カットラインを作成できれば、シールのほか、ダイカットハガキ、アクリルキーホルダーなども制作できる。

★2. 端点を持たないパス。一見つながっているように見えても、端点が同じ位置で重なっているだけ、というケースもある。見分ける手段としては、ドキュメント情報パネルで[オブジェクト][選択内容のみ]に設定し、パスを選択した状態で、[パス]に「0 オープンパス, 1 クローズパス」と表示されたら、クローズパスである。

★3. 安全圏は、印刷所やカットの精度によって変わる。

KEYWORD
カットライン

別名：型抜きライン、抜き型

型抜き加工のカット位置やその形状を指定するもの。通常はパスで指定する。このパスのことを「カットパス」と呼ぶ。

Illustratorで裁ち落とし付きの型抜きシールの入稿データを作成する

STEP1. モチーフの輪郭のパスを、別のレイヤーの同じ位置に複製[★4]して、カットパスを作成する

STEP2. 元のレイヤーに戻り、モチーフの輪郭のパスに[オブジェクト]メニュー→[パス]→[パスのオフセット]を適用して、面積を外側に拡張して裁ち落としをつくる

STEP3. カットパスのアンカーポイントを調整して、凹凸や鋭利な切れ込みなどを減らす

★4．[編 集]メニュー→[同じ位置にペースト]やレイヤーパネルの[選択中のアート]のドラッグが便利。

モチーフの輪郭のパスを同じ位置に複製して、カットパスを作成する。

モチーフが複数のオブジェクトで構成されている場合、それぞれの輪郭のパスを合体して、モチーフの輪郭のパスを作成する。

カットパス

カットパスはデザインとは別のレイヤーに作成する。

[オフセット]の値は、カットずれにそなえた裁ち落としの幅になる。カットの精度によって、必要な幅は変わる。

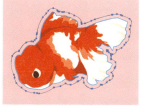
モチーフの周囲を描き足して、裁ち落としをつくる。このサンプルの場合、モチーフはライブペイントで塗り分けられたオブジェクトのため、輪郭のパスを拡張して、細部を調整するだけで対応できる。

裁ち落とし

形状が複雑なパスや、このサンプルのように、カットパスが輪郭も担う場合、[ダイレクト選択ツール]や[アンカーポイントの削除ツール]などによる地道な調整のほうが、かたちも崩れず、かえって効率がよい。不要なアンカーポイントを極力削除すると、滑らかな切り口になる。

カットパスをずらしてみると、どのくらいのずれまで耐えられるかをシミュレーションできる。

描き足しで裁ち落としをつくれないモチーフや、アクリルキーホルダーのように基本的にカットライン上にインキを乗せないものについては、これらの作業は不要。

45°以上（60°）　　45°　　45°以下（30°）　　45°に丸み追加

鋭い切れ込みは、折れや欠けなどトラブルの原因になりやすい。だいたい45°以上になるよう調整するとよい（角の下限は印刷所によって変わることがある）。角に丸みを追加できればなおベター。スムーズポイントのみで構成された、アンカーポイント数の少ないパスが、もっとも滑らかな切り口に仕上がる。

カットパスを作成するためのヒント

カットパスの形状は、滑らかなほうがトラブルも少なくきれいに仕上がります。**角（コーナーポイント）を持つパスの場合、[効果]メニューの[角を丸くする]を利用して**丸みをつけておくとよいでしょう。ただし、[効果]メニューでつけた丸みはあくまでも擬似的なものです。カットパスとして使用する場合、入稿前に**アピアランスを分割**して、パスに反映させておく必要があります[★5]。

★5. カットパスとして使用する場合は、[効果]メニューによる変形（アピアランス）はすべて分割して、パスに反映させる。

アピアランスでパスの角に丸みをつける

STEP1. パスを選択し、[効果]メニュー→[スタイライズ]→[角を丸くする]を選択する
STEP2. [角を丸くする]ダイアログで[半径]を指定し、[OK]をクリックする
STEP3. [オブジェクト]メニュー→[アピアランスを分割]を選択する

すべての角に同じ丸みが加わる。

アピアランスでつけた丸みをパスに反映させる。

丸みは、**コーナーウィジェット**でつけることもできます。こちらは、**角ごとに丸みの[半径]を変える**ことも可能です。コーナーウィジェットを利用するには、**[表示]メニュー→[コーナーウィジェットを表示]**[★6]を選択して、表示をオンにしておく必要があります。

★6. すでにオンになっている場合、メニューには[コーナーウィジェットを隠す]と表示される。

コーナーウィジェットで角に丸みをつける

STEP1. [選択ツール]でパスを選択したあと、[ダイレクト選択ツール]を選択する
STEP2. コーナーウィジェットのひとつにカーソルを重ねてドラッグする

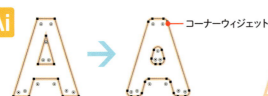

コーナーウィジェットは[ダイレクト選択ツール]に切り替えると表示される。[選択ツール]、[ダイレクト選択ツール]の順に切り替えると、コーナーウィジェットがすべて選択され、ドラッグするとすべての角が同じ丸みがつく。

[ダイレクト選択ツール]で特定の角のアンカーポイントを選択すると、その角だけを丸めることができる。コーナーウィジェットによる変形は、分割や拡張の必要はない。

カットパスの**アンカーポイント**が多すぎると、切り口がガタガタになります。その場合、**[スムーズツール]**でパスをなぞるようにドラッグすると、アンカーポイントを減らせます[★7]。このほか、**[オブジェクト]メニュー→[パス]→[単純化]**でも減らせます。ツールやメニューを利用して、元のパスのイメージを損なわない程度に、アンカーポイントを減らしましょう。

★7. 直線上のアンカーポイントは、[アンカーポイントの削除ツール]やコントロールパネルの[選択したアンカーポイントを削除]で減らしてもよい。

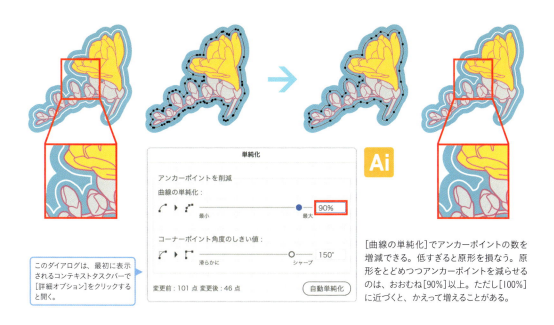

このダイアログは、最初に表示されるコンテキストタスクバーで[詳細オプション]をクリックすると開く。

[曲線の単純化]でアンカーポイントの数を増減できる。低すぎると原形を損なう。原形をとどめつつアンカーポイントを減らせるのは、おおむね[90%]以上。ただし[100%]に近づくと、かえって増えることがある。

Photoshopでカットパスをつくる

Photoshopでは、**選択範囲をパスに変換**できます。これを利用すると、カットパスを作成できます[★8]。滑らかなパスに仕上げるポイントは、[作業用パスを作成]ダイアログの**[許容値]**にあります。

★8. Photoshopのパスをカットパスとして使用できない印刷所もある。なお、カットパスの作成を請け負っている印刷所もあるため、入稿マニュアルを確認してみるとよい。

[解像度：350ppi]の場合、2mm=28pixel。[選択範囲を拡張]ダイアログで指定できる単位はpixelのみなので、mm単位で指定する場合は、換算して入力する。

モチーフの輪郭の選択範囲を作成する。このサンプルのように余白をつける場合は、[選択範囲]メニュー→[選択範囲を変更]→[拡張]で拡張する。さらに[滑らかに]で細かい凹凸を減らしておく。この選択範囲をパスに変換し、カットパスをつくる。

パスパネルのアイコン[選択範囲から作業用パスを作成]のクリックでパスに変換すると、このダイアログが表示されず、調整できない。

パスパネルのメニューの[作業用パスを作成]でパスに変換すると、[許容値]でアンカーポイントの数を調整できる。デフォルトの[1pixel]ではアンカーポイントが多めに生成される傾向がある。

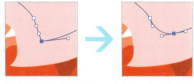

角は、[ダイレクト選択ツール]や[アンカーポイントの切り替えツール]などで滑らかにしておくとよい。

変換直後は、作業用パスになっている。カットパスとして使う場合、パスパネルのメニューから[パスを保存]を選択して、通常のパスに変換しておく。

CHAPTER5 いろいろな入稿データ

5-3 マスキングテープをつくる

マスキングテープに代表される、柄入りテープも個人で制作できるようになりました。シームレスにつなぐ方法をマスターすれば、印刷範囲を端まで使用したデザインが可能になります。

裁ち落としの有無で変わるデザインの難易度

　柄入りテープの場合、繰り返しの**最小単位の長さ**や、制作可能な**テープ幅**、天地の**裁ち落としの有無**などが、印刷所ごとに異なります。印刷所によっては、最終的にデザインをはめ込んで入稿する**テンプレート**が用意されていることもあります。

　天地の裁ち落とし[★1]を設定できる印刷所の場合、**左右のつながり**さえ気をつければ、ペラものと同じ感覚で入稿データを作業できます。裁ち落としを設定できない場合、**天地左右がシームレスにつながる**ようにデザインする必要があります。

★1. 柄入りテープの場合、裁ち落としの幅は通常の印刷物より狭めなことが多い。

裁ち落とし付き
天地の裁ち落としを設定できる場合のテンプレート例。ペラもの同様、裁ち落としまでデザインする。デザインの最小単位は、縦19mm（15mm＋裁ち落とし2mm）×横200mmとなる。

裁ち落としなし
天地の裁ち落としを設定できない場合のテンプレート例。仕上がりサイズの内側だけをデザインする。デザインの最小単位は、縦15mm×横200mmとなる。天地ぎりぎりの位置に配置したオブジェクトは、断裁のずれの影響を受ける。

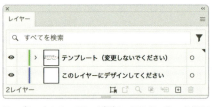

テンプレートによっては、デザインを置くレイヤーを指定していることもある。

仕上がりサイズや裁ち落としの幅などは、それらを指定している長方形や線などの位置やサイズを調べれば判明するが、ロックされていたり、ガイド化されていることもある。［オブジェクト］メニュー→［すべてをロック解除］や［表示］メニュー→［ガイド］→［ガイドをロック］を選択して、ロックやガイドを解除すると、選択できる。

裁ち落としを設定できる場合

　天地の裁ち落としの幅は、印刷所によって異なります。入稿マニュアルやテンプレートで確認しましょう。左右のつなぎ目は、Illustratorの場合は**移動コピーのアピアランス**、Photoshopの場合は**スマートオブジェクト**を利用すると、シミュレーションしながらシームレスにつなげることができます[★2]。

★2. ここに掲載した方法は、効率よくシームレスにつなげるためのメソッドのひとつであり、必ずしもこのとおりにする必要はない。

★3. アピアランスをレイヤーに設定すると、レイヤー上のすべてのオブジェクトに反映させることができる。アピアランスをグループに設定するより、オブジェクトを楽に選択できる。

Illustratorのアピアランスでシームレスにつなげる

STEP1. レイヤーパネルでターゲットアイコンをクリックし[★3]、［効果］メニュー→［パスの変形］→［変形］を選択する

STEP2. ［変形効果］ダイアログの［移動］の［水平方向］に最小単位の横幅を入力し、［コピー：1］に設定して、［OK］をクリックする

STEP3. オブジェクトを移動して左右のつながりを調整したあと、レイヤー上のすべてのオブジェクトを選択して、［オブジェクト］メニュー→［アピアランスを分割］を選択する

STEP4. 裁ち落としサイズの長方形を作成し、クリッピングマスクを作成する

このサンプルの場合、デザインの最小単位の横幅は100mm。つなぎ目となる左端のオブジェクトは、ややはみ出し気味に配置する。

ターゲットアイコンをクリックすると、レイヤーをアピアランスの対象に指定できる。

アピアランスによって複製された部分

レイヤーに設定したアピアランスは、オブジェクトを他のファイルへコピー＆ペーストすると消滅する。アピアランスを残す場合は、つなぎ目の調整が済んだあと、レイヤー上のオブジェクトをまとめたグループに移動するとよい。

オブジェクトを移動すると、複製された部分にも即座に変更が反映される。全体のバランスを見ながら、つなぎ目や他の部分の密度を調整する。

レイヤーのターゲットアイコンにカーソルを合わせ、グループへドラッグすると、アピアランスを移動できる。

クリッピングマスクではみ出しをマスクする。このオブジェクトをテンプレートにはめ込むと入稿できる。

CHAPTER5 いろいろな入稿データ

Photoshopのスマートオブジェクト（リンク画像）でシームレスにつなげる

STEP1. 最小単位につなぎ目を追加した横幅のファイルAを作成し、デザインする
STEP2. 最小単位の2倍の横幅のファイルBを作成し、［ファイル］メニュー→［リンクを配置］を選択したあと、ダイアログでファイルAを選択し、［配置］をクリックする
STEP3. コントロールパネルで［基準点：左上角］に設定し、［X］につなぎ目の横幅に「−（マイナス）」を追加した値を入力し、［変形を確定］をクリックする
STEP4. リンク画像を複製したあと、［編集］メニュー→［変形］→［拡大・縮小］[4]を選択し、STEP3と同様にして、コントロールパネルで正確な位置[5]に配置する
STEP5. ファイルAに戻ってつなぎ目やデザインを調整し、上書き保存して、ファイルBで確認する
STEP6. STEP5の操作を繰り返して、シームレスなつなぎ目になったことを確認したあと、［イメージ］メニュー→［カンバスサイズ］を選択し、［基準位置：中央］のまま、［幅］を半分に変更する

★4．［編集］メニュー→［変形］のいずれかのメニューを選択すると、コントロールパネルで座標を指定できる。

★5．［X］に最小単位の横幅からつなぎ目の横幅を引いた値を入力する。

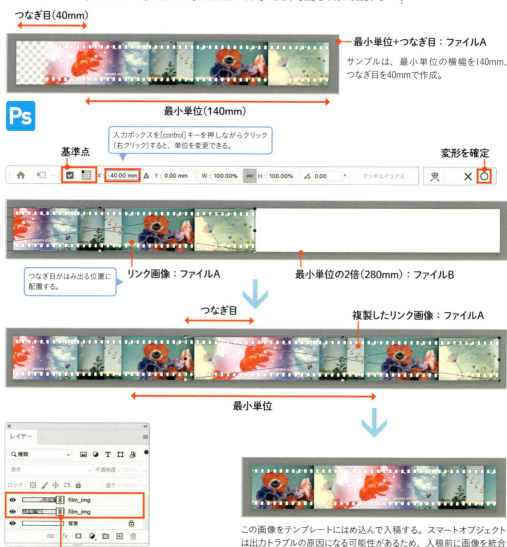

この画像をテンプレートにはめ込んで入稿する。スマートオブジェクトは出力トラブルの原因になる可能性があるため、入稿前に画像を統合する。

裁ち落としを設定できない場合

　裁ち落としを設定できない場合、天地左右がシームレスにつながるように設計する[★6]必要があります。この場合も、**Illustratorのアピアランス**や**Photoshopのスマートオブジェクト**を活用すると、効率よく作業できます。

　実際の製造工程では、最小単位を隙間なく並べて印刷したものを、テープ幅で断裁することになります。断裁がずれて天地から2mmほどの範囲が隣のテープに入ってもいいように、融通のきくデザインにします。

　Illustratorの場合、アピアランスで左右をつなげたあと、再度、［効果］メニュー→［パスの変形］→［変形］を適用し、［変形効果］ダイアログの［移動］で［垂直方向］に最小単位の縦幅（高さ）を入力し、［コピー：2］に設定して天地をつなげます。

　Photoshopの場合、左ページのファイルAを天地のつなぎ目も追加した［サイズ］、ファイルBを最小単位の2倍の［サイズ］で作成し、ファイルAをファイルBのそれぞれ正確な位置に配置します。つなぎ目を調整したあと、カンバスサイズを最小単位に変更します。

★6．作成に必要なノウハウは、Illustratorのパターンスウォッチと同じ。シームレスなパターンスウォッチを作成できれば、裁ち落としのない柄テープもデザインできる。

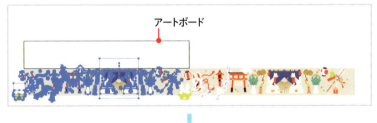

アートボードを最小単位と同じサイズに設定すると、アートボードの境界を目安に作業できる。アートボードにちょうど最小単位が表示されるよう、オブジェクトをアートボードの外に配置するのがコツ。

P199同様、アピアランスをレイヤーに設定すると作業しやすい。

入稿データの指定どおりに断裁された状態（左）と、ずれが発生した状態（右）。1、2mm程度のずれが発生しても違和感がないように、融通のきくデザインにする。

5-4 活版印刷を利用する

P110の黒1色でつくる入稿データを理解すれば、活版印刷の入稿データも作成できます。[K：50%]などのグレーは使用できない点や、細い線や細かい文字のツブレやカスレに注意します。

活版印刷のしくみ

活版印刷は、**活字**で組版、または**金属や樹脂で版**をつくり、それに**インキをつけて紙に転写**する印刷方式です。P26で印刷を印鑑やスタンプにたとえて説明しましたが、活版印刷の場合は、**印鑑やスタンプそのもの**です。15世紀に発明された印刷技術で、長く印刷の主流を占めてきましたが、1980年代以降のオフセット印刷の普及により、だんだんと使われなくなりました。近年、印面の凹みやかすれが醸し出すレトロ感や格調の高さに注目が集まり、折からのクラフトブームにも乗って、人気が復活してきています。

活版印刷の入稿データの注意点

基本的なところは、P110の黒1色でつくる入稿データと同じで、**インキがのる部分を黒[K：100%]、のらない部分を白[K：0%]**にすればOKです[★1]。P110と異なるのは、**グレー（[K：50%]や[K：10%]などの色）は使用できない**ことと、**極細の線や細かい文字**は、ツブレやカスレのおそれがあるため、**他の印刷方法より高めの下限**が設けられている点です。また、活版印刷では、**コスト面の関係から仕上がりサイズぎりぎりまで印刷しないケースが多く**[★2]、**仕上がりサイズの内側3mm程度の余白**をとってデザインを作成します。仕上がりサイズの指定は、**トンボ**を作成すればOKです。

★1．入稿データに適した[カラーモード]は[CMYKカラー][グレースケール][モノクロ2階調]。ただし、[CMYKカラー]と[グレースケール]については、黒[K：100%]と白[K：0%]以外の色は使用しないように注意する。この入稿データから印鑑やスタンプのような版を作成するが、黒の部分がインキがのる凸面、白の部分がインキがのらない凹面になる。

★2．裁ち落としまで印刷し、断裁で仕上げることも可能だが、その場合、トンボの部分も版に入れる必要があり、その面積ぶんだけ版代がかさむ。仕上がりサイズより内側にデザインして版を作成し、仕上がりサイズの紙に印刷すると、コストを抑えられるため、現実的にはこの方法を採用することが多い。

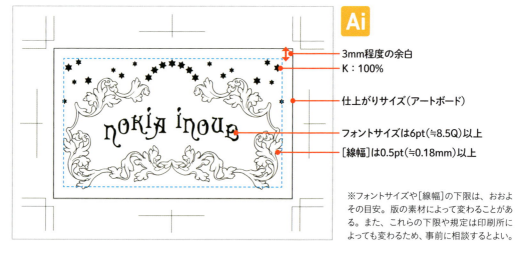

- 3mm程度の余白
- K：100%
- 仕上がりサイズ（アートボード）
- フォントサイズは6pt（≒8.5Q）以上
- ［線幅］は0.5pt（≒0.18mm）以上

※フォントサイズや［線幅］の下限は、おおよその目安。版の素材によって変わることがある。また、これらの下限や規定は印刷所によっても変わるため、事前に相談するとよい。

クッション性のある紙に圧力をかけて印刷し、凹面の凹み効果を狙う場合は、線のみがベスト。狭いベタ面もきれいにでる。ベタ面が広くても印刷できるが、凹みがほとんどつかない仕上がりになる。また、広いベタ面はムラやカスレが発生しやすいことにも注意。

写真を使うときは

写真やイラストなどのラスター画像も、入稿データとして使えます。この場合の[解像度]は、**一般的な入稿データより高めの800ppi以上、文字を含む場合や写真は1200ppi程度**に設定します。調整レイヤーなどを利用して[★3]、画像を構成するピクセルが、**黒[K：100%]と白[K：0%]のみ**[★4]になるようにします。

写真や階調表現のあるイラストをモノクロ2階調化する場合、[カラーモード]変換時に**[使用：ハーフトーンスクリーン]**を選択し、**[線数]**を指定して**網点化**するとよいでしょう。そのままでは入稿データとして使用できないグラデーションやグレーの色面も、この方法で網点化すると、使用できるようになります。

[★3]. ラスター画像をモノクロ2階調化するには、調整レイヤー[2階調化]や[イメージ]メニュー→[色調補正]→[2階調化]、[カラーモード：モノクロ2階調]に変換などの方法がある。

[★4]. [カラーモード：モノクロ2階調]の漫画原稿は、そのままで入稿データにできる。

1200ppi(原寸) → 100line/inch

[イメージ]メニュー→[モード]→[グレースケール]でグレースケール化したあと、[イメージ]メニュー→[モード]→[モノクロ2階調]を選択し、[使用：ハーフトーンスクリーン]を選択すると、次のダイアログで[線数]を指定して網点化できる。[線数]を低めに設定すると、ポップな表現も可能。

写真をそのまま変換すると、写真の内容によってはモチーフが埋没することがある。事前に色調補正でモチーフと背景のコントラストをつけておく、などの処理を施しておくとよい。

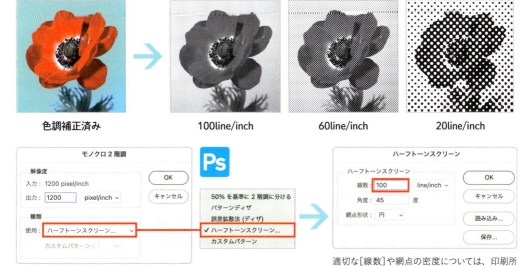

色調補正済み → 100line/inch → 60line/inch → 20line/inch

適切な[線数]や網点の密度については、印刷所に確認するとよい。

CHAPTER5 いろいろな入稿データ

5-5 箔押しの入稿データをつくる

箔押しの入稿データは、活版印刷の応用で作成できます。いずれも金属の版を使用するという共通点があり、黒と白の2色で作成します。不透明な箔の場合、箔の背面を図柄で埋めておくのが、きれいに仕上げるポイントです。

箔押しとその入稿データについて

箔押し[★1]は、**シート状の箔**[★2]を、**金属の版**を使用して、**熱で紙に転写**する印刷技術です。箔押しも活版印刷も、その入稿データは金属の版を作成するために使用します。箔押し用の入稿データの作成方法や注意点は、活版印刷とほとんど同じです[★3]。

箔押しのみをおこなう場合は、活版印刷同様、**箔がのる部分を黒[K：100%]** で作成します。カラー印刷の上に箔を重ねる場合も[K：100%]で指定しますが、この色は箔以外の部分でも使用されていることがあるため、混乱しないよう、箔のデザインは**独立したレイヤー**にまとめます。箔のデザインとその他の部分を同じファイルで入稿するか、ファイルを分けるかは、印刷所の指示によります。

[★1]. 熱で転写するため、「ホットスタンプ」とも呼ばれる。

[★2]. 金や銀などの金属を薄く叩き伸ばしたもの。身近な例は、アルミホイル。

[★3]. フォントサイズや[線幅]の下限は、印刷所によって異なるため、入稿マニュアルで確認する。箔押しの入稿データ作成のノウハウは、エンボス加工など、金属の版を使用する他の特殊印刷にも応用できる。

箔の面積

通常、箔押しの料金は、面積で変動する。面積が狭いほどコストを抑えられるため、近くにまとめるか、離れている場合は2箇所に分けるとよい。このサンプルの場合、表1と背の距離が近いため、1箇所で済んでいる。なお、面積で料金が変動するのは、活版印刷も同じ。

箔版

箔とそれ以外を同じファイルで入稿する場合、箔のデザインは、独立したレイヤーに配置する。

出力見本をつくる

箔部分を[K:100%]で指定するため、そのまま画像に書き出して出力見本としても、箔の範囲や位置がわかりにくいものになります。カラー印刷に箔を重ねる場合などは、とくに埋没します。入稿の際は、箔部分に簡単な**グラデーション**などを設定した見本を添えると、箔の位置が伝わりやすくなります。この見本は、**商品画像**としても活用できます。

箔の部分にグラデーションを設定して作成した見本。印刷物が仕上がるまでの暫定の商品画像として使うこともある。

きれいに仕上げるための工夫

箔押しは、基本インキCMYKや特色インキなどを使用した印刷とは**別工程**になるため、**位置合わせの精度**は多少下がります。**不透明な箔**[★4]の場合、箔の背面を背景と同じ色で塗りつぶしたり、背面に配置した画像をノックアウトにせず敷き込むことで、位置ずれによる紙の白地の露出を防げます。なお、**透明な箔**[★5]の場合は、背景が透過することを考慮して、入稿データを作成する必要があります。

★4. 金箔や銀箔、カラー箔など。

★5. 透明ホログラム箔やパール箔など。

箔版(上)とCMYK版(下)。箔をノックアウトで配置せず、背景の画像を敷き込むと、箔の位置が多少ずれても紙の白地が露出しない。

ただし、この方法が使えるのは、不透明な箔に限られる。

箔　フチ

黒の部分が箔。中マド状のフチは、箔の位置がずれると、背景や紙の白地が露出する。

フチの内側を塗りつぶしておけば、箔の位置が多少ずれても、背景や紙の白地が露出しない。

5-6 サイズを縮小した再録本をつくる

スクリーントーンを使用した画像を印刷する場合、モアレ発生のおそれはつねについて回ります。縮小して再録本をつくる場合はとくに、モアレの発生に注意する必要があります。

漫画原稿を縮小する際の注意点

過去に発行した同人誌をもとに、**サイズを縮小した再録本**をつくる場合、元の原稿を入稿し、印刷所[*1]にサイズの変更を依頼できることもあります。漫画原稿を縮小する際、**トーンのモアレ**[*2]発生のおそれがありますが、自分で縮小するより印刷所に依頼したほうが、ノウハウがあるぶんモアレの発生を低減できることがあります。

再録サイズに合わせた再書き出し

CLIP STUDIO PAINTには、サイズを変更して書き出しできる機能があり、再録用の入稿データづくりに便利です。**[psd書き出し設定]**ダイアログの**[出力サイズ]**で、拡縮率やサイズ、解像度を指定してサイズを変更できます。なおこの際、**[色の詳細設定]**ダイアログで、トーンレイヤーの**[トーン線数]**を、拡縮率に合わせて変更するかどうかを指定できます。

[出力倍率に依存する]を選択すると、[トーン線数]は拡縮率に応じて変更されますが、**[レイヤー設定に従う]**では、レイヤーに設定した[トーン線数]で書き出されます。元の原稿の印象を損なわないのは[出力倍率に依存する]ですが、縮小により[トーン線数]は実質的に高くなるため、元の原稿の[トーン線数]を高めに設定していたり、高めの縮小率[*3]でサイズ変更する場合、モアレが発生しやすくなります。[レイヤー設定に従う]はモアレ発生は低減できる[*4]ものの、縮小された主線に対し、網点のサイズや密度のバランスが変わるため、印象が大きく変わることがあります。このように一長一短のため、原稿の状態を見て判断することをおすすめします。

★1. 漫画同人誌を多く扱っている印刷所の場合、サイズ変更やモアレ対策のノウハウが蓄積されていることが多い。まずは、印刷所のWebサイトで確認したり、相談してみるとよい。ただし、発見したモアレに対処するか、そのまま進行するかは、印刷所の方針による。なお、対処しても回避できないモアレもある。

★2. モアレは、規則正しく並ぶ点や線を複数重ね合わせたときに、それらが干渉して発生する模様。トーンのモアレは、[トーン線数]の異なるトーンの重ね貼りのほか、それ自体が網点であるトーンを、印刷の最終工程で網点化することでも発生する。

★3. A4→A5（約70％縮小）、A4→B6（約61％縮小）など。

★4. 完全な回避はできない。

[出力倍率に依存する]を選択し、[トーン線数]が異様に高くなりそうな部分だけ、トーンレイヤーの[トーン線数]の設定を見直すのが現実的。ただし、どのような回避策をとっても、印刷の最終段階で網点化の工程がある限り、モアレ発生のおそれはあると考えたほうがよい。

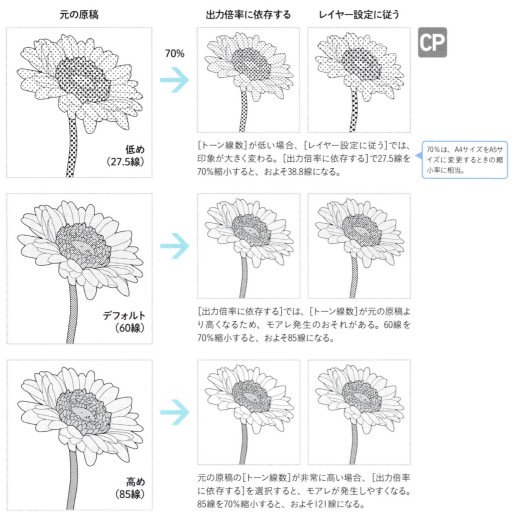

※サンプルはCLIP STUDIO PAINTで作成。[解像度：600ppi]、原寸で掲載。

属性の異なる画像が混在するPDFファイル

　InDesignで、[モノクロ2階調][600ppi]の漫画原稿、[グレースケール][350ppi]のモノクロイラストなど、**[カラーモード]や[解像度]の異なる画像が混在するPDF**も作成可能です。[Adobe PDFを書き出し]ダイアログの**[圧縮]セクション**[★5]で**[ダウンサンプルしない]** に設定すると、画質を保持して書き出せます。ただし、画像がトーンを含む場合、配置後に拡縮率を変更するとモアレ発生のおそれがあるため、できるだけ**原寸で配置**することをおすすめします[★6]。

★5. [圧縮]セクションについては、P152参照。

★6. 最終的に網点化の工程がある限り、原寸でもモアレのおそれはある。また同じ[トーン線数]でも、ページによって発生の度合いが変わり、特定のページで校正刷りを確認しても、他のページで発生しないとは限らない。

[モノクロ2階調]の場合、[Adobe PDFを書き出し]ダイアログでダウンサンプルに設定しても、グレーのピクセルは発生しない。また、[次の解像度を超える場合]は[1200ppi]より低い値には設定できないため、最低限の画質は保持できる。

改訂版

2C and 4C
CMYK4色印刷・特色2色印刷・名刺・ハガキ・同人誌・グッズ類
入稿データのつくりかた ｜ 井上のきあ

TWO COLOR AND FOUR COLOR
PRINTING
GUIDE BOOK
NOKIA INOUE

DOWNLOAD

購入者限定特典は、こちらからダウンロードしてください。
https://books.mdn.co.jp/down/3224303025/
本特典のダウンロードは予告なく変更・終了する場合がございます。
あらかじめご了承ください。

［装丁・デザイン］　井上のきあ
［　協　　力　］　影山史枝　波多江潤子
［取 材 協 力］　株式会社 緑陽社　まんまる○（活版印刷）
［　編　　集　］　後藤憲司

入稿データのつくりかた　改訂版
CMYK4色印刷・特色2色印刷・名刺・ハガキ・同人誌・グッズ類

2024年11月1日　初版第1刷発行

［　著　者　］　井上のきあ
［　発　行　人　］　諸田泰明
［　発　　行　］　株式会社エムディエヌコーポレーション
　　　　　　　　〒101-0051
　　　　　　　　東京都千代田区神田神保町一丁目105番地
　　　　　　　　https://books.MdN.co.jp/
［　発　　売　］　株式会社インプレス
　　　　　　　　〒101-0051
　　　　　　　　東京都千代田区神田神保町一丁目105番地
［印刷・製本］　株式会社広済堂ネクスト

Printed in Japan

©2024 Nokia Inoue. All rights reserved.

本書は、著作権法上の保護を受けています。著作権者および株式会社エムディエヌコーポレーションとの書面による事前の同意なしに、本書の一部あるいは全部を無断で複写・複製、転記・転載することは禁止されています。

定価はカバーに表示してあります。

カスタマーセンター

造本には万全を期しておりますが、万一、落丁・乱丁などがございましたら、送料小社負担にてお取り替えいたします。お手数ですが、カスタマーセンターまでご返送ください。

落丁・乱丁本などのご返送先
　〒101-0051 東京都千代田区神田神保町一丁目105番地
　株式会社エムディエヌコーポレーション　カスタマーセンター
　TEL：03-4334-2915

書店・販売店のご注文受付
　株式会社インプレス　受注センター
　TEL：048-449-8040／FAX：048-449-8041

内容に関するお問い合わせ先
　株式会社エムディエヌコーポレーション カスタマーセンター　メール窓口
　info@MdN.co.jp

本書の内容に関するご質問は、Eメールのみの受付となります。メールの件名は「入稿データのつくりかた　改訂版　質問係」とお書きください。電話やFAX、郵便でのご質問にはお答えできません。ご質問の内容によりましては、しばらくお時間をいただく場合がございます。また、本書の範囲を超えるご質問に関しましてはお答えいたしかねますので、あらかじめご了承ください。

ISBN978-4-295-20722-1　C3055